GASTON FLOQUET

SUR LA THÉORIE DES ÉQUATIONS DIFFÉRENTIELLES LINÉAIRES

N° D'ORDRE
417.

THÈSES

PRÉSENTÉES

À LA FACULTÉ DES SCIENCES DE PARIS

POUR

LE DOCTORAT ÈS SCIENCES MATHÉMATIQUES,

Par M. Gaston FLOQUET,

Ancien Élève de l'École Normale, Maître de Conférences à la Faculté de Nancy.

1er THÈSE. — Sur la théorie des équations différentielles linéaires.

2e THÈSE. — Propositions données par la faculté.

**Soutenues le Avril 1879, devant la Commission
d'Examen.**

MM. HERMITE, *Président.*

BOUQUET, ⎱
TANNERY, ⎰ *Examinateurs.*

PARIS,

GAUTHIER-VILLARS, IMPRIMEUR-LIBRAIRE

DE L'ÉCOLE POLYTECHNIQUE, DU BUREAU DES LONGITUDES,

SUCCESSEUR DE MALLET-BACHELIER,

Quai des Augustins, 55.

1879

1

ACADÉMIE DE PARIS.

FACULTÉ DES SCIENCES DE PARIS.

MM.

DOYEN........... MILNE EDWARDS, Professeur. Zoologie, Anatomie, Physiologie comparée.

PROFESSEURS HONORAIRES ....
- DUMAS.
- PASTEUR.

PROFESSEURS ...

CHASLES	Géométrie supérieure.
P. DESAINS	Physique.
LIOUVILLE	Mécanique rationnelle.
PUISEUX	Astronomie.
HÉBERT	Géologie.
DUCHARTRE	Botanique.
JAMIN	Physique.
SERRET	Calcul différentiel et intégral.
H. Ste-CLAIRE DEVILLE	Chimie.
DE LACAZE-DUTHIERS	Zoologie, Anatomie, Physiologie comparée.
BERT	Physiologie.
HERMITE	Algèbre supérieure.
BRIOT	Calcul des probabilités, Physique mathématique.
BOUQUET	Mécanique physique et expérimentale.
TROOST	Chimie.
WURTZ	Chimie organique.
FRIEDEL	Minéralogie.
O. BONNET	Astronomie.

AGRÉGÉS........
- BERTRAND
- J. VIEILLE } Sciences mathématiques.
- PELIGOT ... Sciences physiques.

SECRÉTAIRE..... PHILIPPON.

Paris.—Imprimerie de GAUTHIER-VILLARS, successeur de MALLET-BACHELIER,
Quai des Augustins, 55.

PREMIÈRE THÈSE.
SUR LA THÉORIE
DES
ÉQUATIONS DIFFÉRENTIELLES LINÉAIRES.

INTRODUCTION.

En 1866, M. Fuchs a publié un Mémoire fondamental[1] sur les fonctions d'une variable imaginaire définies par une équation différentielle linéaire. M. Tannery a exposé les principes et les résultats de ce travail, en même temps qu'il en a agrandi le cadre par des recherches personnelles[2]. Depuis, M. Tannery a étudié[3] en particulier l'équation qui, dans la théorie des fonctions elliptiques, relie au module la fonction complète de première espèce.

A partir de 1868, époque à laquelle parut un second Mémoire de M. Fuchs, l'étude des équations différentielles linéaires, devenue classique en Allemagne, y a donné naissance à un grand nombre de travaux. M. Fuchs a persévéré, et deux géomètres éminents, MM. Thomé et Fröbenius, ont entrepris des recherches intéressantes et profondes sur ce sujet[4].

J'ai pensé être utile en appelant l'attention sur ces analyses, qui ont leur point de départ dans les découvertes de Cauchy et qui sont la suite naturelle des belles études de M. Puiseux sur les équations algébriques, de MM. Briot et Bouquet sur les équations différentielles du premier ordre. Je me suis donc proposé d'élucider et de compléter le plus possible ces travaux, en prenant pour base les Mémoires de MM. Thomé et Fröbenius.

Dans la première Partie, je rappelle les principes fondamentaux de la théorie des équations différentielles linéaires.

La deuxième est consacrée à la définition des intégrales régulières et à leur recherche, cette recherche étant fondée sur la notion de l'indice caractéristique.

Dans la troisième Partie, je définis la fonction caractéristique, la fonction déterminante, et je ramène la notion de l'indice caractéristique à la considération plus naturelle de la fonction déterminante. Puis on introduit les formes normales, les expressions composées, et l'on établit une proposition capitale concernant la fonction déterminante d'une expression composée de plusieurs formes normales. Enfin, on pose les principes de la réductibilité des équations différentielles linéaires.

La quatrième Partie traite de l'application des notions qui précèdent à l'étude des intégrales régulières.

Dans la cinquième, on construit l'expression différentielle adjointe et l'on établit ses importantes propriétés. L'équation adjointe est en rapport intime avec l'équation proposée, ce qui conduit à de nouveaux théorèmes concernant les intégrales régulières.

---

[1] *Journal de Crelle*, t. 66.
[2] *Annales de l'École Normale supérieure*, année 1874.
[3] *Comptes rendus des séances de l'Académie des Sciences*, avril 1878.
[4] *Journal de Crelle*, t. 74 et suiv.

Dans la sixième Partie, je définis et j'étudie la décomposition des expressions différentielles linéaires homogènes en facteurs premiers symboliques ; je fais ressortir à ce propos les analogies de ces expressions avec les polynômes algébriques ; je trouve encore les conditions que doivent remplir les facteurs pour être commutatifs, et la forme que doit affecter une expression différentielle pour être décomposable en de pareils facteurs ; puis j'applique la décomposition à l'intégration de l'équation linéaire complète, connaissant l'intégrale générale de l'équation privée du second membre.

Enfin, la septième Partie est l'application des considérations de la précédente à l'étude des intégrales régulières. Admettant la proposition fondamentale démontrée dans la troisième Partie et concernant la fonction déterminante d'une expression composée de plusieurs formes normales, j'obtiens d'abord un théorème, également simple, ayant lieu quand les composantes n'ont pas la forme normale. Je fais intervenir ensuite les décompositions en facteurs premiers symboliques à coefficient monotrope. En dernier lieu, je donne une nouvelle interprétation du degré de l'équation déterminante et du nombre des intégrales régulières ; puis j'établis, avec facilité, toutes les propriétés de ces intégrales.

Le fond de ce travail appartient à MM. Thomé et Fröbenius. Les méthodes élégantes de M. Fröbenius m'ont paru pleines d'intérêt, et je les ai surtout mises à profit. J'ai modifié quelques démonstrations, j'ai développé particulièrement certaines considérations et j'ai introduit de nombreux raisonnements intermédiaires. Enfin, j'ai ajouté les deux dernières Parties, qui reposent sur l'emploi des facteurs symboliques que j'appelle *premiers*, et qui me sont entièrement personnelles.

PREMIÈRE PARTIE.

1. Nous considérerons l'équation différentielle linéaire homogène

$$\mathrm{P}(y) = \frac{d^m y}{dx^m} + p_1 \frac{d^{m-1} y}{dx^{m-1}} + \ldots + p_m y = 0,$$

où les coefficients p sont des fonctions de x continues et monogènes dans une partie T du plan à contour simple, sauf en certains points $a, b, c, \ldots$ isolés les uns des autres. Les fonctions p seront supposées monotropes, au moins dans les portions de la région T, à contour simple, qui ne renferment aucun des points $a, b, c, \ldots$. Ces points particuliers, pour lesquels les coefficients p cessent d'être holomorphes, ont été nommés *les points singuliers de l'équation différentielle*.

2. La définition précise de ce qu'on doit entendre par une solution de l'équation différentielle P $= 0$ a été déduite de ce principe :

Si x_0 est un point non singulier de la région T, il existe une fonction de x, holomorphe dans son domaine, qui satisfait à l'équation P $= 0$, les valeurs de cette fonction et de ses $m - 1$ premières dérivées au point x_0 étant arbitraires.

Faisons décrire à la variable x un chemin quelconque, allant du point x_0 au point X, compris dans la région T et ne contenant aucun point singulier. Les valeurs des coefficients p au point x_0 étant connues, le théorème précédent permet de définir, en chaque point du chemin x_0X, la valeur d'une fonction y, continue et monogène le long de ce chemin, satisfaisant constamment à l'équation P $= 0$, et ayant au point x_0, ainsi que ses $m - 1$ premières dérivées, des valeurs arbitraires. C'est cette fonction y qui constitue une solution ou une intégrale particulière de l'équation différentielle P $= 0$.

Les diverses intégrales particulières se distingueront mutuellement par les valeurs initiales y_0, y_0', y_0'', ..., $y_0^{(m-1)}$, choisies en un même point x_0, et l'intégrale générale renferme ces m constantes arbitraires.

3. Toute intégrale particulière y possède d'ailleurs les propriétés suivantes :

Si, les points x_0 et X restant fixes, le chemin x_0X vient à se déformer sans franchir aucun point singulier et sans sortir de la région T, ce chemin conduit constamment en X à la même valeur de la fonction y.

Cela a lieu en particulier lorsque le point final X coïncide avec le point initial x_0. De plus, si le chemin fermé $x_0 \xi x_0$ est tel qu'on puisse le réduire au seul point x_0 sans lui faire franchir aucun point singulier et sans le faire sortir de la région T, la fonction y reprend en x_0 sa valeur initiale y_0, après la révolution de la variable, comme chaque coefficient p.

La fonction y est développable en une série, procédant suivant les puissances entières et positives de $x - x_0$, et convergente dans tout cercle décrit du point x_0 comme centre, compris dans la région T et ne renfermant aucun point singulier.

La fonction y étant holomorphe dans la partie T du plan, à contour simple, excepté pour les points singuliers, si l'on décrit autour de chacun de ces points une circonférence infiniment petite, et qu'on supprime de l'aire T tous les cercles ainsi obtenus, on pourra, au moyen de coupures convenablement pratiquées, déduire de la partie T du plan une nouvelle partie T$'$, à contour simple aussi, où la fonction y sera partout holomorphe, comme les coefficients p.

4. Je dirai que m fonctions y_1, y_2,ldots, y_m sont *linéairement indépendantes* lorsqu'il n'existera entre elles aucune relation identique de la forme

$$C_1 y_1 + C_2 y_2 + \ldots + C_m y_m = 0,$$

les C désignant des constantes dont plusieurs peuvent être nulles.

La condition néoossaire et suffisante pour que ces m fonctions soient linéairement indépendantes est que le déterminant

$$\Delta = \begin{vmatrix} \dfrac{d^{m-1}y_1}{dx^{m-1}} & \cdots & \dfrac{dy_1}{dx} & y_1 \\ \ldots\ldots & \cdots & \cdots & \cdots \\ \dfrac{d^{m-1}y_m}{dx^{m-1}} & \cdots & \dfrac{dy_m}{dx} & y_m \end{vmatrix}$$

ne soit pas identiquement nul.

Au cas où y_1, y_2, ..., y_m désignent m intégrales de l'équation P $= 0$, on a, d'après une proposition de M. Liouville,

$$\Delta = C e^{-\int p_1 \, dx},$$

C étant une constante, et, par conséquent, la condition est ici

$$C \neq 0.$$

Lorsque cette condition est remplie, la même identité montre que Δ ne peut s'annuler qu'aux points singuliers.

5. Considérons un système de m intégrales de l'équation $P = 0$, qui soient linéairement indépendantes, $y_1, y_2, \ldots, y_m$. Il suffit pour cela que Δ ne soit pas nul au point initial x_0 : il existe donc toujours de pareilles solutions. On donne à ce système le nom de *système fondamental d'intégrales*. Le déterminant Δ correspondant ne peut s'annuler qu'aux points singuliers.

On obtient en particulier un système fondamental quand on déduit les intégrales $y_1, y_2, \ldots, y_m$ successivement les unes des autres par les substitutions bien connues de la forme

$$y = v_1 \int v \, dx,$$

et même le déterminant Δ s'exprime simplement à l'aide des solutions $v_1 = y_1$, $v_2 = y_2$, $v_3 = y_3, \ldots, v_m = y_m$ des équations différentielles employées, car on a

$$\Delta = C v_1^m v_2^{m-1} v_3^{m-2} \ldots v_m.$$

Tout système fondamental peut d'ailleurs s'obtenir par ce moyen, car on peut choisir les intégrales $v_1, v_2, \ldots, v_m$ des équations successives de manière à tomber sur le système donné $y_1, y_2, \ldots, y_m$.

6. On démontre que toute solution de l'équation $P = 0$ est une fonction linéaire, homogène, à coefficients constants, des éléments d'un système fondamental quelconque. Par conséquent, l'intégrale générale est de la forme

$$C_1 y_1 + C_2 y_2 + \ldots + C_m y_m$$

$y_1, y_2, \ldots, y_m$ étant les éléments d'un système fondamental, et $C_1, C_2, \ldots, C_m$ des constantes arbitraires.

Si l'on adopte pour ces constantes m systèmes de valeurs, on formera m nouvelles intégrales particulières. Le déterminant Δ relatif à ces m fonctions nouvelles est égal au premier, multiplié par le déterminant des m^2 valeurs adoptées pour les constantes. Le nouveau système d'intégrales sera donc fondamental ou non, suivant que ce dernier déterminant sera différent de zéro ou égal à zéro, et, par suite, on a un moyen simple pour obtenir autant de systèmes fondamentaux qu'on voudra.

7. Considérant désormais les intégrales dans le voisinage des points singuliers, je supposerai que les coefficients p reprennent leurs valeurs initiales après une révolution de la variable autour d'un point singulier. Autrement dit, les coefficients de l'équation différentielle seront supposés monotropes dans toute l'étendue de la partie T du plan à contour simple, et, par conséquent, dans le domaine d'un point singulier quelconque a, ils seront développables en doubles séries, procédant suivant les puissances entières, positives et négatives de $x - a$ et convergentes dans ce domaine.

8. Le fait saillant est celui-ci :

Lorsque la variable décrit une courbe fermée, dans la région T, faisant une circonvolution autour d'un point singulier, les nouvelles valeurs $(y_1)', (y_2)', \ldots, (y_m)'$ qu'acquièrent m intégrales sont des fonctions linéaires, homogènes, à coefficients constants, de leurs valeurs primitives $y_1, y_2, \ldots, y_m$, et, si ces valeurs primitives forment un système fondamental, les nouvelles valeurs constituent aussi un système fondamental.

Cette propriété simple est caractéristique des fonctions qui satisfont à une équation différentielle linéaire, homogène, à coefficients monotropes, car on démontre cette proposition réciproque :

Soient y_1, y_2, ..., y_m m fonctions de x, holomorphes dans une partie T du plan, à contour simple, excepté pour certains points isolés les uns des autres ; si les nouvelles valeurs $(y_1)'$, $(y_2)'$, ..., $(y_m)'$ qu'acquièrent ces fonctions lorsque la variable fait le tour d'un de ces points peuvent s'exprimer en fonction linéaire, homogène, à coefficients constants, des valeurs primitives, ces quantités y_1, y_2, ..., y_m sont les intégrales d'une équation différentielle linéaire, homogène, à coefficients monotropes dans la région T.

Quand les m fonctions y sont linéairement indépendantes, cette équation différentielle est d'ordre m ; sinon, elle est d'ordre inférieur.

En particulier, les m fonctions algébriques de x, définies par l'équation

$$f(x, y) = 0,$$

où $f(x, y)$ est un polynôme de degré m en y, ne faisant que s'échanger entre elles quand la variable tourne autour d'un point singulier, seront les intégrales d'une équation différentielle linéaire, homogène, à coefficients monotropes, que M. Tannery a appris à former.

9. Les valeurs finales qu'acquièrent les m intégrales d'un système fondamental quelconque après une révolution de la variable autour d'un point singulier prenant la forme d'expressions linéaires, homogènes, à coefficients constants, en fonction des valeurs initiales, on peut choisir le système fondamental de manière à simplifier ces expressions et à y annuler plusieurs des coefficients constants.

On établit en effet que, à tout point singulier, correspond un système fondamental déterminé, où les éléments se partagent en groupes tels que, dans chaque groupe convenablement ordonné, la nouvelle valeur d'un élément soit une fonction linéaire homogène des anciennes valeurs de cet élément et de ceux qui le précèdent dans le groupe. On peut d'ailleurs, sans altérer les propriétés d'un groupe, y remplacer une quelconque des fonctions par une combinaison linéaire, homogène, à coefficients constants, de cette fonction et des précédentes. Ce système fondamental, qui conduit à des relations si simples, dépend d'une certaine équation de degré m, dite *équation fondamentale*, relative au point singulier considéré.

Il y a plus. Les propriétés élémentaires de ce système fondamental particulier, corrélatif d'un point singulier a, permettent de trouver la forme analytique de ses éléments dans le domaine du point a. C'est ainsi qu'on a été conduit à la proposition suivante :

Soit n le nombre des racines distinctes ω_1, ω_2, ..., ω_n de l'équation fondamentale relative au point singulier a ; soient λ_1, λ_2, ..., λ_n leurs ordres de multiplicité respectifs, la somme $\lambda_1 + \lambda_2 + \ldots + \lambda_n$ étant égale à m ; les éléments du système fondamental corrélatif se partagent en n groupes correspondant respectivement à ces racines, et les λ éléments qui constituent le groupe répondant à la racine ω, d'ordre de multiplicité λ, peuvent, dans le domaine du point a, s'exprimer sous ces formes :

$$(x-a)^r \varphi_{11},$$
$$(x-a)^r [\varphi_{21} + \varphi_{22} \log(x-a)],$$
$$(x-a)^r \{\varphi_{31} + \varphi_{32} \log(x-a) + \varphi_{33}[\log(x-a)]^2\},$$
$$\ldots\ldots\ldots\ldots\ldots\ldots\ldots\ldots\ldots\ldots\ldots\ldots\ldots\ldots\ldots\ldots\ldots$$
$$(x-a)^r \{\varphi_{\lambda 1} + \varphi_{\lambda 2} \log(x-a) + \varphi_{\lambda 3}[\log(x-a)]^2 + \ldots + \varphi_{\lambda\lambda}[\log(x-a)]^{\lambda-1}\},$$

où r désigne une valeur quelconque, mais déterminée, de la quantité $\dfrac{1}{2\pi\sqrt{-1}}\log\omega$, et où les φ représentent des fonctions de x, monotropes dans le domaine du point a, continues et monogènes dans ce domaine au point a près, et que, par suite, on peut y développer en doubles séries convergentes, procédant suivant les puissances entières, positives et négatives de $x - a$.

Il faut observer en outre :

1° Que les quantités φ peuvent s'exprimer en fonction linéaire, homogène, à coefficients constants, de celles d'entre elles où le second indice est 1 ;

2° Que les quantités $\varphi_{11}, \varphi_{22}, \ldots, \varphi_{\lambda\lambda}$, dont les deux indices sont égaux, ne diffèrent mutuellement que par des facteurs constants ;

3° Que conséquemment les produits

$$(x - a)^r \varphi_{22}, \ (x - a)^r \varphi_{33}, \ \ldots, \ (x - a)^r \varphi_{\lambda\lambda},$$

qui multiplient les plus hautes puissances du logarithme, sont des intégrales, comme le produit $(x - a)^r \varphi_{11}$;

4° Que les exposants fixes $r_1, r_2, \ldots, r_n$ ont des différences mutuelles qui ne sont ni nulles ni entières, car autrement les racines $\omega_1, \omega_2, \ldots, \omega_n$ ne seraient pas distinctes.

10. Connaissant la forme analytique des éléments d'un système fondamental, dans le domaine du point singulier a, on en conclut immédiatement celle de l'intégrale générale. L'intégrale générale est la somme de m expressions de la forme

$$C(x - a)^r \{\varphi_{\eta 1} + \varphi_{\eta 2} \log(x - a) + \varphi_{\eta 3}[\log(x - a)]^2 + \ldots + \varphi_{\eta\eta}[\log(x - a)]^{\eta - 1}\},$$

C étant une des m constantes arbitraires.

Effectuons cette somme, ordonnons-la par rapport aux puissances distinctes de $x - a$, déterminons arbitrairement les constantes, et nous obtenons pour une intégrale particulière quelconque la forme suivante dans le domaine du point a :

$$(\theta) \quad \left\{ \begin{aligned} &C_1(x - a)^{r_1} \left\{\varphi_{r_1 0} + \varphi_{r_1 1} \log(x - a) + \ldots + \varphi_{r_1 \alpha_1}[\log(x - a)]^{\alpha_1}\right\} \\ &+ C_2(x - a)^{r_2} \left\{\varphi_{r_2 0} + \varphi_{r_2 1} \log(x - a) + \ldots + \varphi_{r_2 \alpha_2}[\log(x - a)]^{\alpha_2}\right\} \\ &+ \ldots\ldots\ldots\ldots\ldots\ldots\ldots\ldots\ldots\ldots\ldots\ldots\ldots\ldots\ldots\ldots\ldots\ldots\ldots\ldots \\ &+ C_n(x - a)^{r_n} \left\{\varphi_{r_n 0} + \varphi_{r_n 1} \log(x - a) + \ldots + \varphi_{r_n \alpha_n}[\log(x - a)]^{\alpha_n}\right\}, \end{aligned} \right.$$

où les C sont n constantes, où les r sont des exposants fixes dont les différences mutuelles ne sont ni nulles ni entières, et où les φ sont des fonctions de x, monotropes dans le domaine du point a, continues et monogènes dans ce domaine au point a près, et par conséquent développables en doubles séries, convergentes dans ce domaine, telles que

$$\sum_0^\infty C_\alpha (x - a)^\alpha + \sum_1^\infty C_{-\alpha}(x - a)^{-\alpha},$$

α désignant un nombre entier.

11. On démontre sans peine que :

Si une expression de la forme (θ) est identiquement nulle, toutes les fonctions φ sont identiquement nulles.

D'où l'on tire ces conséquences :

1° Lorsque deux expressions de la forme (θ) sont identiquement égales, elles sont composées des mêmes fonctions $(x-a)^p[\log(x-a)]^q$, avec les mêmes coefficients ;

2° Toute intégrale de l'équation différentielle $P = 0$ ne peut se mettre que d'une seule manière sous la forme (θ), dans le domaine du point singulier a ;

3° Étant donnée une intégrale, construite dans le domaine du point a avec ces produits $(x-a)^p[\log(x-a)]^q$, si on l'ordonne par rapport aux puissances distinctes de $x-a$, de telle façon que dans deux termes quelconques la différence des exposants du facteur $x-a$ ne soit ni nulle ni entière, chaque terme de l'intégrale ainsi ordonnée sera aussi une intégrale, et, dans ce terme, le coefficient de la plus haute puissance de $\log(x-a)$ sera lui-même une solution. Cette dernière partie résulte d'une remarque faite précédemment, et peut d'ailleurs s'établir directement, car on démontre *a priori* que, si

$$(x-a)^r\{\varphi_{\eta1} + \varphi_{\eta2}\log(x-a) + \ldots + \varphi_{\eta\eta}[\log(x-a)]^{\eta-1}\}$$

est une intégrale, il en est de même de $(x-a)^r\varphi_{\eta\eta}$.

12. Nous n'avons considéré jusqu'à présent que des points singuliers situés à distance finie ; or la région T peut s'étendre à l'infini : par exemple, elle peut embrasser tout le plan. Mais on pourra toujours, en changeant la variable indépendante, ramener l'étude d'un point situé à l'infini à celle d'un point situé à distance finie.

DEUXIÈME PARTIE.

13. Nous allons étudier plus complètement les intégrales dans le domaine d'un point singulier a. Et d'abord, pour plus de simplicité, j'amène ce point à coïncider avec l'origine des coordonnées en changeant x en $a + x$, ou en $\dfrac{1}{x}$ si le point est à l'infini. Nous considérerons donc l'équation différentielle linéaire homogène

$$P(y) = \frac{d^m y}{dx^m} + p_1\frac{d^{m-1}y}{dx^{m-1}} + \ldots + p_m y = 0,$$

où les coefficients p sont monotropes dans le domaine du point singulier zéro, continus et monogènes dans ce domaine à ce point près, et par conséquent développables en doubles séries, procédant suivant les puissances entières, positives et négatives de x, convergentes dans le voisinage du point zéro.

Il résulte des n^{os} **10** et **11** que toute solution pourra se mettre sous la forme suivante, dans le domaine de l'origine, et d'une seule manière :

$$\begin{aligned}
&C_1 x^{r_1}\left[\varphi_{r_10} + \varphi_{r_11}\log x + \ldots + \varphi_{r_1\alpha_1}(\log x)^{\alpha_1}\right]\\
+\ &C_2 x^{r_2}\left[\varphi_{r_20} + \varphi_{r_21}\log x + \ldots + \varphi_{r_2\alpha_2}(\log x)^{\alpha_2}\right]\\
+\ &\ldots\ldots\ldots\ldots\ldots\ldots\ldots\ldots\ldots\ldots\ldots\ldots\ldots\ldots\ldots\ldots\\
+\ &C_n x^{r_n}\left[\varphi_{r_n0} + \varphi_{r_n1}\log x + \ldots + \varphi_{r_n\alpha_n}(\log x)^{\alpha_n}\right],
\end{aligned}$$

les fonctions φ remplissant les mêmes conditions que les coefficients p.

14. J'emploierai la dénomination introduite par M. Fuchs à l'égard de toute fonction F susceptible de prendre la forme

$$F = x^\rho[\psi_0 + \psi_1 \log x + \ldots + \psi_\alpha(\log x)^\alpha],$$

que j'appellerai sa forme *simplifiée*, où les fonctions ψ sont holomorphes dans le domaine du point zéro et ne contiennent par conséquent dans leurs développements que des puissances positives de x, et où, de plus, ces fonctions ψ ne s'évanouissent pas toutes pour $x = 0$. Je dirai que la fonction F *appartient à l'exposant* ρ.

La propriété caractéristique d'une fonction de même nature que F, appartenant à l'exposant ρ, est que, multipliée par $x^{-\rho}$, elle est différente de zéro pour $x = 0$ et infinie comme un polynôme entier en $\log x$, à coefficients constants.

15. L'équation différentielle P $= 0$ peut être telle que, parmi ses intégrales, il s'en trouve où les coefficients des produits $x^p(\log x)^q$, c'est-à-dire, à des facteurs constants près, les fonctions φ, ne contiennent dans leurs développements qu'un nombre fini de puissances négatives de x. Ces intégrales particulières, où les φ prennent pour $x = 0$ des valeurs infinies d'ordre fini, sont les seules, jusqu'à présent, pour lesquelles on ait déterminé les coefficients des séries φ. Je les appellerai, avec M. Thomé, *intégrales régulières* de l'équation P $= 0$.

Considérons une intégrale régulière. Chacun de ses termes

$$x^r[\varphi_0 + \varphi_1 \log x + \ldots + \varphi_\alpha(\log x)^\alpha]$$

est de même nature que la fonction F du n° **14** et peut alors se ramener à la forme simplifiée. Il suffit pour cela de réduire les φ au plus simple dénominateur commun et de réunir ce dénominateur au facteur x^r. On obtient ainsi le terme

$$x^\rho[\psi_0 + \psi_1 \log x + \ldots + \psi_\alpha(\log x)^\alpha],$$

et il appartient à l'exposant ρ. Toute intégrale régulière peut donc se mettre sous la forme

$$\begin{aligned}
&\mathrm{C}_1 x^{\rho_1}[\psi_{\rho_1 0} + \psi_{r_1 1}\log x + \ldots + \psi_{\rho_1 \alpha_1}(\log x)^{\alpha_1}] \\
&+ \mathrm{C}_2 x^{\rho_2}[\psi_{\rho_2 0} + \psi_{r_2 1}\log x + \ldots + \psi_{\rho_2 \alpha_2}(\log x)^{\alpha_2}] \\
&+ \ldots\ldots\ldots\ldots\ldots\ldots\ldots\ldots\ldots\ldots\ldots\ldots\ldots\ldots\ldots \\
&+ \mathrm{C}_n x^{\rho_n}[\psi_{\rho_n 0} + \psi_{r_n 1}\log x + \ldots + \psi_{\rho_n \alpha_n}(\log x)^{\alpha_n}],
\end{aligned}$$

où les C sont des constantes, où les n termes appartiennent respectivement aux exposants ρ_1, ρ_2, ..., ρ_n, les fonctions ψ étant holomorphes dans le domaine du point zéro.

Il est bien entendu que les propositions énoncées au n° **11** subsistent ici, et que, en particulier, si l'expression suivante, de même nature que F et de forme simplifiée

$$x^\rho[\psi_0 + \psi_1 \log x + \ldots + \psi_\alpha(\log x)^\alpha],$$

est une intégrale, $x^\rho\psi_\alpha$ est aussi une intégrale.

16. Nous aurons surtout à examiner des équations différentielles $P = 0$ dont les coefficients p prendront eux-mêmes, pour $x = 0$, des valeurs infinies d'ordre fini, c'est-à-dire dont les coefficients ne contiendront eux-mêmes, dans leurs développements, qu'un nombre fini de puissances négatives de x. Dans ce cas, on pourra toujours supposer chaque coefficient p mis sous la forme $\dfrac{\chi(x)}{x^{\varkappa}}$, où $\chi(x)$ ne comprend que des puissances positives de x, ne s'évanouit pas pour $x = 0$, et où $\varkappa$ est positif ou nul ; et alors, nous désignerons l'exposant de x en dénominateur dans p_1 par ϖ_1, dans p_2 par ϖ_2, ..., dans p_m par ϖ_m. Comme p_0 est 1, ϖ_0 sera égal à zéro. En un mot, ϖ_j sera l'ordre infinitésimal de la valeur infinie que prend p_j pour $x = 0$. Cela étant, nous envisagerons les nombres entiers positifs suivants :

$$\varpi_0 + m, \; \varpi_1 + m - 1, \; \varpi_2 + m - 2, \; \ldots, \; \varpi_{m-1} + 1, \; \varpi_m,$$

que nous appellerons les nombres Π, et généralement $\varpi_j + m - j$ sera représenté par Π_j. Soit g la plus grande valeur des nombres Π : plusieurs peuvent être égaux à g ; mais rangeons-les dans l'ordre des indices croissants

$$\Pi_0, \; \Pi_1, \; \Pi_2, \; \ldots, \; \Pi_m,$$

et parcourons-les de gauche à droite ; le premier, égal à g, que nous rencontrerons sera considéré tout particulièrement, et, si

$$\Pi_i = \varpi_i + m - i = g$$

est ce nombre bien déterminé, son indice i sera nommé l'*indice caractéristique* de l'équation différentielle.

Les nombres Π et l'indice caractéristique i, introduits par M. Thomé dans cette théorie, seront provisoirement d'un usage fréquent.

17. Notre analyse des solutions de l'équation $P = 0$, dans le domaine du point zéro, aura surtout pour objet l'étude des intégrales régulières.

Je ferai immédiatement plusieurs remarques.

L'équation $P = 0$ ayant des intégrales régulières, si parmi elles S, et seulement S, sont linéairement indépendantes, auquel cas on a S $\leqq m$, toutes les intégrales régulières peuvent s'exprimer à l'aide de celles-là en fonctions linéaires, homogènes, à coefficients constants.

Réciproquement, si toutes les intégrales régulières de l'équation $P = 0$ peuvent s'exprimer ainsi par S d'entre elles linéairement indépendantes, le nombre total des intégrales régulières linéairement indépendantes est seulement S ; car on peut exprimer les S intégrales régulières linéairement indépendantes à l'aide de S des nouvelles, et par suite toutes les autres à l'aide de ces dernières.

Si l'équation $P = 0$ a S intégrales régulières linéairement indépendantes, et seulement S, elle en aura S de même nature que la fonction F du n° 14, et seulement S. Si, en effet, les S intégrales données ne sont pas de la nature F, elles sont des agrégats linéaires, homogènes, à coefficients constants, d'expressions F. Groupons alors, dans chacune de ces intégrales, les expressions F en termes tels que, dans deux termes quelconques, la différence des exposants des deux puissances x^{ρ} en facteur ne soit ni nulle ni entière. Nous obtiendrons ainsi des termes qui, comme on l'a vu, sont eux-mêmes des intégrales régulières linéairement indépendantes, et ces intégrales sont de même nature que F. Or, ces termes sont au nombre de S, car, s'il y en avait plus que S, l'équation $P = 0$ aurait plus de S intégrales régulières linéairement indépendantes ;

et, s'il y en avait moins que S, les S intégrales données, et par suite, d'après la remarque précédente, toutes les intégrales régulières de l'équation P = 0, s'exprimant linéairement à l'aide de ces termes, cette équation, d'après la même remarque, aurait moins de S intégrales régulières linéairement indépendantes. L'équation P = 0 a donc S intégrales linéairement indépendantes, de même nature que F, et appartenant par conséquent à des exposants déterminés.

Enfin, je vais établir la proposition suivante, qui a une importance capitale dans cette théorie :

Si l'équation différentielle P = 0 *a parmi ses intégrales une intégrale régulière, elle a aussi une intégrale de la forme* $x^\rho \psi(x)$, *où la fonction* $\psi(x)$ *est holomorphe dans le domaine du point zéro et ne s'évanouit pas pour* $x = 0$.

En effet, l'équation P = 0, ayant une intégrale régulière, a, d'après la remarque précédente, une intégrale de même nature que la fonction F du n° **14**, que l'on peut supposer ramenée à la forme simplifiée

$$x^\rho[\psi_0 + \psi_1 \log x + \ldots + \psi_\alpha (\log x)^\alpha].$$

Cette expression étant une intégrale, il en est de même, comme on l'a vu au n° **15**, de $x^\rho \psi_\alpha$. Or, cette dernière solution est, dans tous les cas, de la forme annoncée $x^\rho \psi(x)$, la fonction holomorphe étant différente de zéro pour $x = 0$, car, si $\psi_\alpha(0)$ était nul, $\psi_\alpha(x)$ renfermerait comme facteur une puissance de x que l'on réunirait à x^ρ.

Remarquons que $\psi(x)$ ne contient dans son développement que des puissances positives de x.

18. Supposons que l'équation P = 0 admette la solution $y_1 = x^\rho \psi(x)$, $\psi(x)$ étant holomorphe dans le domaine du point zéro et $\psi(0)$ différent de zéro. Faisons la substitution

$$y = y_1 \int z \, dx.$$

Nous obtenons l'équation différentielle linéaire homogène d'ordre $m - 1$

$$Q(z) = \frac{d^{m-1}z}{dx^{m-1}} + q_1 \frac{d^{m-2}z}{dx^{m-2}} + \ldots + q_{m-1} z = 0.$$

Les coefficients q de l'équation Q = 0 seront, comme les coefficients p, monotropes dans le domaine du point zéro, continus et monogènes dans ce domaine à ce point près. C'est ce qui résulte immédiatement de l'inspection des valeurs des coefficients q :

$$(1) \quad \begin{cases} q_1 = \dfrac{1}{y_1}\left(m\dfrac{dy_1}{dx} + p_1 y_1\right), \\[2mm] q_2 = \dfrac{1}{y_1}\left[\dfrac{m(m-1)}{1\cdot 2}\dfrac{d^2 y_1}{dx^2} + (m-1)p_1\dfrac{dy_1}{dx} + p_2 y_1\right], \\[2mm] \dotfill, \\[2mm] q_k = \dfrac{1}{y_1}\left[\dfrac{m(m-1)\dots(m-k+1)}{1\cdot 2\dots k}\dfrac{d^k y_1}{dx^k}\right. \\[4mm] \qquad + \dfrac{(m-1)(m-2)\dots(m-k+1)}{1\cdot 2\dots(k-1)}p_1\dfrac{d^{k-1}y_1}{dx^{k-1}} \\[4mm] \qquad + \dfrac{(m-2)(m-3)\dots(m-k+1)}{1\cdot 2\dots(k-2)}p_2\dfrac{d^{k-2}y_1}{dx^{k-2}} + \dots \\[4mm] \qquad \left. + (m-k+1)p_{k-1}\dfrac{dy_1}{dx} + p_k y_1\right], \\[3mm] \dotfill \end{cases}$$

En effet, chaque produit $\dfrac{d^h y_1}{dx^h}\dfrac{1}{y_1}$ est de la forme

$$\sum_0^h C_\alpha x^{-\alpha}\frac{\psi^{(h-\alpha)}(x)}{\psi(x)},$$

où α est entier, et, par conséquent, chacun de ces produits est monotrope dans le domaine du point zéro, continu et monogène dans ce domaine à ce point près. Il en est donc de même des coefficients q.

Remarquons que, pour que les coefficients q possèdent ces propriétés, il n'est pas nécessaire que $\psi(x)$ ne contienne dans son développement que des puissances positives de x : il suffit que $\psi(x)$ soit développable en double série, procédant suivant les puissances entières, positives et négatives de x, et convergente dans le domaine du point zéro.

Cela posé, je suppose que l'équation $P = 0$ ait S intégrales régulières linéairement indépendantes. Elle admet alors, d'après le théorème du n° **17**, une intégrale $y_1 = x^\rho\psi(x)$, où $\psi(x)$ remplit les conditions sus-indiquées. Posons

$$y = y_1\!\int z\, dx,$$

de manière à obtenir l'équation $Q = 0$; *je dis que l'équation $Q = 0$ aura S-1 intégrales régulières linéairement indépendantes, et que, réciproquement, si l'équation $Q = 0$ a S-1 intégrales régulières linéairement indépendantes, l'équation $P = 0$ en aura S.*

1° Soient $y_1, y_2, \dots, y_s$ S intégrales régulières linéairement indépendantes de l'équation $P = 0$. Comme on l'a vu, on peut les supposer de même nature que la fonction F du n° **14** et ramenées à la forme simplifiée. L'équation $Q = 0$ admettra les intégrales

$$z_1 = \frac{d}{dx}\frac{y_2}{y_1}, \quad z_2 = \frac{d}{dx}\frac{y_3}{y_1}, \quad \dots, \quad z_{s-1} = \frac{d}{dx}\frac{y_s}{y_1},$$

qui sont aussi linéairement indépendantes, car, si l'on avait

$$C_2 z_1 + C_3 z_2 + \dots + C_s z_{s-1} = 0,$$

on en déduirait par l'intégration

$$C_1 y_1 + C_2 y_2 + \ldots + C_s y_s = 0,$$

ce qui est contraire à l'hypothèse. De plus, ces $S - 1$ intégrales sont régulières. En effet, $y_2, y_3, \ldots, y_s$, sont de la forme simplifiée ; or, si l'on divise par $y_1 = x^\rho \psi(x)$, on trouve une expression de même forme, puisque les quotients tels que $\dfrac{\psi_k}{\psi}$ dans la parenthèse sont évidemment holomorphes. Donc les rapports $\dfrac{y_2}{y_1}, \dfrac{y_3}{y_1}, \ldots, \dfrac{y_s}{y_1}$ sont de la forme F. Il est clair que la dérivation n'altère pas cette forme : donc les intégrales

$$\frac{d}{dx}\frac{y_2}{y_1}, \quad \frac{d}{dx}\frac{y_3}{y_1}, \quad \ldots, \quad \frac{d}{dx}\frac{y_s}{y_1},$$

de l'équation $Q = 0$ sont régulières.

$2°$ Soient $z_1, z_2, \ldots, z_{s-1}$ $s - 1$ intégrales régulières linéairement indépendantes de l'équation $Q = 0$. On peut les supposer de même nature que F et ramenées à la forme simplifiée. L'équation $P = 0$ admettra les s intégrales

$$y_1, \quad y_2 = y_1 \int z_1 dx, \quad \ldots, \quad y_s = y_1 \int z_{s-1} dx,$$

qui sont aussi linéairement indépendantes, car, si l'on avait

$$C_1 y_1 + C_2 y_2 + \ldots + C_s y_s = 0,$$

on en déduirait par la dérivation

$$C_2 z_1 + C_3 z_2 + \ldots + C_s z_{s-1} = 0,$$

ce qui est contraire à l'hypothèse. De plus, ces s intégrales sont régulières. En effet, chacune des solutions z est de la forme simplifiée qui comprend des fonctions ψ de la forme

$$\sum_0^\infty C_\alpha x^\alpha.$$

Si donc nous multiplions z par dx, nous aurons à intégrer une somme de différentielles telles que

$$x^k (\log x)^h dx,$$

dont l'intégrale est bien connue :

$$\int x^k (\log x)^h dx = \frac{x^{k+1}}{h+1} \sum_0^k C_\alpha (\log x)^{h-\alpha} + \text{const.}$$

Multipliant ensuite le résultat de l'intégration $\int z dx$ par $y_1 = x^\rho \psi(x)$, on voit aisément que le produit obtenu est aussi de la forme F. Donc les intégrales $y_1, y_2, \ldots, y_s$ de l'équation $P = 0$ sont régulières.

19. Considérons l'expression

$$p_j \frac{d^h y_1}{dx^h} \frac{1}{y_1},$$

où y_1 est égal à $x^\rho \psi(x)$, $\psi(x)$ étant une fonction holomorphe dans le domaine du point zéro et non nulle pour $x = 0$, et où p_j, ne contenant dans son développement qu'un nombre limité de puissances négatives de x, est infini, pour $x = 0$, d'ordre fini ϖ_j. On a

$$\frac{d^h y_1}{dx^h}\frac{1}{y_1} = \sum_0^h \mathrm{C}_\alpha x^{-\alpha}\frac{\psi^{(h-\alpha)}(x)}{\psi(x)},$$

et, par conséquent, ce produit, pour $x = 0$, est infini d'ordre fini h au plus, d'où il résulte que l'expression considérée est infinie d'ordre égal ou inférieur à $\varpi_j + h$.

Si $h = 0$, l'expression est évidemment d'ordre ϖ_j. Mais remarquons le cas particulier où h est égal à $m - j$. Dans ce cas, l'ordre infinitésimal de l'expression est au plus égal à $\varpi_j + m - j$, c'est-à-dire au nombre Π_j défini au n° **16**.

Si nous envisageons maintenant une somme d'expressions pareilles à la précédente, il est clair que, pour $x = 0$, elle sera aussi infinie d'ordre fini, et cet ordre sera évidemment égal ou inférieur à la plus grande valeur des nombres $\varpi_j + h$ correspondant aux différents termes. Si dans un terme h est nul et si la plus grande valeur est celle ϖ_j qui répond à ce terme, la somme sera certainement d'ordre ϖ_j. Enfin, si dans chaque terme h est égal à $m - j$, l'ordre de la somme est au plus égal à la plus grande valeur des nombres Π qui correspondent respectivement à ses différents termes.

20. Supposons que l'équation différentielle $\mathrm{P} = 0$ ait une intégrale régulière ; alors elle admet (n° **17**) une solution de la forme

$$y_1 = x^\rho \psi(x),$$

où $\psi(x)$ remplit les conditions déjà indiquées. Écrivons l'identité qui en résulte, et tirons-en la valeur de p_m :

$$p_m = -\frac{1}{y_1}\left(\frac{d^m y_1}{dx^m} + p_1\frac{d^{m-1}y_1}{dx^{m-1}} + \ldots + p_{m-1}\frac{dy_1}{dx}\right).$$

J'en conclus aussitôt, d'après le numéro précédent, que, si $p_1, p_2, \ldots, p_{m-1}$ ne contiennent qu'un nombre limité de puissances négatives de x, il en sera de même de p_m, et, de plus, que, si g est la plus grande valeur des nombres

$$\Pi_0,\ \Pi_1,\ \Pi_2,\ \ldots,\ \Pi_{m-1},$$

l'ordre infinitésimal ϖ_m de p_m sera au plus égal à g, c'est-à-dire que l'indice caractéristique de l'équation est égal ou inférieur à $m - 1$.

D'où cette proposition :

Lorsque, dans l'équation différentielle $\mathrm{P} = 0$, *les coefficients* p_1, p_2, *…,* p_{m-1}, *ne contiennent dans leurs développements qu'un nombre limité de puissances négatives de* x, *si cette équation admet une intégrale régulière, le coefficient* p_m *ne renfermera lui-même qu'un nombre fini de puissances de* x^{-1} *; de plus, l'indice caractéristique de l'équation sera égal ou inférieur à* $m - 1$.

Remarquons aussi que p_m peut s'écrire

$$p_m = \frac{\mathrm{P}_m(x)}{x^g},$$

$\mathrm{P}_m(x)$ ne comprenant dans son développement que des puissances positives de x et pouvant s'évanouir pour $x = 0$.

21. Supposons que les coefficients p_1, p_2, ..., p_s, de l'équation $P = 0$ ne renferment qu'un nombre limité de puissances de x^{-1}. Les valeurs des coefficients q_1, q_2, ..., q_s de l'équation $Q = 0$ du n° **18**, données par les formules (1) de ce numéro, sont alors des sommes d'expressions de même forme que celle du n° **19**. Donc, d'après les remarques faites en ce n° **19**, les coefficients q_1, q_2, ..., q_s ne contiendront eux-mêmes qu'un nombre fini de puissances négatives de x, et, de plus, l'ordre infinitésimal de q_k, k étant au plus égal à s, sera égal ou inférieur à la plus grande valeur $\varkappa$ des nombres

$$\varpi_0 + k, \; \varpi_1 + k - 1, \; \varpi_2 + k - 2, \; \ldots, \; \varpi_{k-1} + 1, \; \varpi_k,$$

et, si cette valeur maxima est celle du dernier ϖ_k, q_k sera exactement d'ordre ϖ_k. Par suite, on peut écrire

$$q_k = \frac{Q_k(x)}{x^\varkappa},$$

$Q_k(x)$ ne comprenant que des puissances positives de x et pouvant contenir le facteur x.

Supposons maintenant que les coefficients q_1, q_2, ..., q_s ne comprennent qu'un nombre limité de puissances de x^{-1}, et soient

$$q_1 = \frac{Q_1(x)}{x^{\nu_1}}, \quad q_2 = \frac{Q_2(x)}{x^{\nu_2}}, \quad \ldots, \quad q_s = \frac{Q_s(x)}{x^{\nu_s}},$$

les fonctions Q_1, Q_2, ..., Q_s, ne renfermant que des puissances positives de x et pouvant d'ailleurs s'annuler pour $x = 0$. Le n° **19** conduit alors aux conséquences suivantes. La valeur de p_1, tirée de la première formule (1) du n° **18**, sera pour $x = 0$ infinie d'ordre fini égal ou inférieur au plus grand μ_1 des deux nombres ν_1 et 1, ce qui permet d'écrire

$$p_1 = \frac{P_1(x)}{x^{\mu_1}},$$

$P_1(x)$ ne contenant que des puissances positives de x, et $P_1(0)$ pouvant être nul. Substituant cette valeur dans la deuxième formule (1), on en tirera pour p_2 une expression infinie d'ordre fini égal ou inférieur au plus grand μ_2 des trois nombres ν_2, 2, $\mu_1 + 1$, ce qui permet d'écrire

$$p_2 = \frac{P_2(x)}{x^{\mu_2}},$$

$P_2(x)$ ne contenant que des puissances positives de x. Et ainsi de suite jusqu'à

$$p_s = \frac{P_s(x)}{x^{\mu_s}}.$$

Donc les coefficients p_1, p_2, ..., p_s ne renferment eux-mêmes qu'un nombre limité de puissances de x^{-1}, et l'on peut aisément trouver la limite supérieure de l'ordre infinitésimal de chacun d'eux.

22. Toutes ces remarques étant faites, nous pouvons dès à présent rechercher la forme nécessaire que doit affecter l'équation différentielle $P = 0$ pour avoir toutes ses intégrales régulières. M. Fuchs a déjà résolu cette question, mais notre intention est d'employer une méthode différente.

Supposons d'abord $m = 1$ dans $P = 0$, et considérons l'équation premier ordre

$$\frac{dy}{dx} + p_1 y = 0.$$

Cette équation, ayant toutes ses intégrales régulières, aura (n° **20**) son coefficient p_1 de la forme

$$p_1 = \frac{\mathrm{P}_1(x)}{x},$$

où $\mathrm{P}_1(x)$ ne contient que des puissances positives de x et peut être nul pour $x = 0$. Donc, dans le cas $m = 1$, l'équation différentielle est nécessairement de la forme

$$\frac{dy}{dx} + \frac{\mathrm{P}_1(x)}{x}y = 0.$$

C'est, du reste, ce qu'on peut établir directement au moyen de l'expression de l'intégrale générale

$$y = e^{-\int p_1\, dx}.$$

Si p_1 est infini d'ordre $\varpi_1 = n + 1$ supérieur à 1, n étant positif, cette intégrale est de la forme

$$y = e^{\frac{c_1}{x} + \frac{c_2}{x^2} + \cdots + \frac{c_n}{x^n}}\, x^\rho \psi(x),$$

où $\psi(x)$ est holomorphe dans le domaine du point zéro, et non nul pour $x = 0$; et, par conséquent, y n'est pas une intégrale régulière. Si, au contraire, on a $\varpi_1 \leqq 1$, y se réduit à

$$y = x^\rho \psi(x),$$

et par conséquent est régulière. Il faut donc, et même il suffit, que p_1 soit de la forme

$$p_1 = \frac{\mathrm{P}_1(x)}{x}$$

pour que l'équation ait toutes ses intégrales régulières.

Supposons maintenant $m = 2$ dans $\mathrm{P} = 0$, et considérons l'équation du second ordre

$$\frac{d^2 y}{dx^2} + p_1 \frac{dy}{dx} + p_2 y = 0.$$

Cette équation ayant par hypothèse toutes ses intégrales régulières, il en est de même (n° **18**) de l'équation du premier ordre

$$\frac{dz}{dx} + q_1 z = 0,$$

déduite de la première par la substitution

$$y = y_1 \!\int z\, dx,$$

où y_1 désigne $x^\rho \psi(x)$. Donc on a

$$q_1 = \frac{\mathrm{Q}_1(x)}{x}.$$

Par suite, la valeur de p_1, tirée de la première formule (1) du n° **18**, est de la forme (n° **21**)

$$p_1 = \frac{\mathrm{P}_1(x)}{x}.$$

Il en résulte (n° **20**) que p_2 s'écrira

$$p_2 = \frac{\mathrm{P}_2(x)}{x^2}.$$

Donc, dans le cas $m = 2$, l'équation différentielle est nécessairement

$$\frac{d^2y}{dx^2} + \frac{P_1(x)}{x} \frac{dy}{dx} + \frac{P_2(x)}{x^2} y = 0,$$

où les fonctions P_1 et P_2 ne contiennent que des puissances positives de x et peuvent s'évanouir pour $x = 0$.

Généralement, je supposerai démontré que, dans le cas où l'ordre est $m-1$, l'équation différentielle, pour avoir toutes ses intégrales régulières, doit être de la forme

$$\frac{d^{m-1}y}{dx^{m-1}} + \frac{P_1(x)}{x} \frac{d^{m-2}y}{dx^{m-2}} + \frac{P_2(x)}{x^2} \frac{d^{m-3}y}{dx^{m-3}} + \ldots + \frac{P_{m-1}(x)}{x^{m-1}} y = 0,$$

et je démontrerai que la même forme est nécessaire pour une équation d'ordre m.

En effet, si l'équation

$$P(y) = \frac{d^m y}{dx^m} + p_1 \frac{d^{m-1}y}{dx^{m-1}} + \ldots + p_m y = 0$$

a toutes ses intégrales régulières, il en est de même (n° **18**) de l'équation d'ordre $m-1$

$$Q(z) = \frac{d^{m-1}z}{dx^{m-1}} + q_1 \frac{d^{m-2}z}{dx^{m-2}} + \ldots + q_{m-1} z = 0.$$

Donc, d'après l'hypothèse, les coefficients q sont de la forme

$$q_k = \frac{Q_k(x)}{x^k}.$$

Par suite, les valeurs p_1, p_2, ..., p_{m-1}, tirées des formules (1) du n° **18**, sont de la même forme (n° **21**) :

$$p_1 = \frac{P_1(x)}{x}, \quad p_2 = \frac{P_2(x)}{x^2}, \quad \ldots, \quad p_{m-1} = \frac{P_{m-1}(x)}{x^{m-1}}.$$

Il en résulte (n° **20**) que p_m s'écrira aussi

$$p_m = \frac{P_m(x)}{x^m}.$$

Donc, pour que l'équation différentielle $P = 0$ ait toutes ses intégrales régulières, il est nécessaire qu'elle soit de la forme

$$\frac{d^m y}{dx^m} + \frac{P_1(x)}{x} \frac{d^{m-1}y}{dx^{m-1}} + \frac{P_2(x)}{x^2} \frac{d^{m-2}y}{dx^{m-2}} + \ldots + \frac{P_m(x)}{x^m} y = 0,$$

où les fonctions P_1, P_2, ..., P_m ne contiennent dans leurs développements que des puissances positives de x et peuvent s'annuler pour $x = 0$.

Remarquons que cela revient à dire que les coefficients p_1, p_2, ..., p_m ne doivent renfermer qu'un nombre limité de puissances de x^{-1}, et que les nombres Π_0, Π_1, Π_2, ..., Π_m, définis au n° **16**, doivent être égaux ou inférieurs à m.

D'où la proposition suivante :

Pour que l'équation différentielle $P = 0$ *ait toutes ses intégrales régulières, il faut que ses coefficients ne contiennent dans leurs développements qu'un nombre fini de puissances négatives de* x, *et en outre que son indice caractéristique soit zéro.*

23. M. Fuchs a démontré que, réciproquement, ces deux conditions sont suffisantes :

Si, dans l'équation différentielle $P = 0$, *les coefficients ne contiennent qu'un nombre fini de puissances négatives de* x, *et si en outre l'indice caractéristique est zéro, cette équation a toutes ses intégrales régulières.*

Nous admettrons cette proposition réciproque, que M. Fuchs a établie en montrant l'existence d'un système fondamental dont les éléments sont de même nature que la fonction F du n° **14**. Ces éléments appartiennent à des exposants ρ_1, ρ_2, ..., ρ_m qui sont les racines d'une certaine équation de degré m, dite *équation fondamentale déterminante*. Ces racines ne sont d'ailleurs autres que les logarithmes, divisés par $2\Pi\sqrt{-1}$, des racines de l'équation fondamentale du n° **9**.

L'équation déterminante jouit de propriétés importantes. Pour l'obtenir, on fait $y = x^\rho$ dans le premier membre de l'équation différentielle, qui, par hypothèse, est

$$\frac{d^m y}{dx^m} + \frac{\mathrm{P}_1(x)}{x}\frac{d^{m-1}y}{dx^{m-1}} + \frac{\mathrm{P}_2(x)}{x^2}\frac{d^{m-2}y}{dx^{m-2}} + \ldots + \frac{\mathrm{P}_m(x)}{x^m}\,y.$$

On a ainsi

$$x^{\rho-m}[\rho(\rho-1)\ldots(\rho-m+1) + \mathrm{P}_1(x)\rho(\rho-1)\ldots(\rho-m+2) + \ldots + \mathrm{P}_m(x)].$$

Puis on multiplie ce résultat par $x^{-\rho}$, et l'on égale à zéro le coefficient de x^{-m} :

$$\rho(\rho-1)\ldots(\rho-m+1) + \mathrm{P}_1(0)\rho(\rho-1)\ldots(\rho-m+2) + \ldots + \mathrm{P}_m(0) = 0$$

est l'équation fondamentale déterminante.

24. Ayant traité le cas où toutes les intégrales de l'équation différentielle $P = 0$ sont régulières, avant de passer à celui où quelques-unes seulement de ces solutions seraient régulières, je vais établir un théorème concernant les nombres Π définis au n° **16**.

Je désignerai par Π' les nombres Π relatifs à l'équation $Q = 0$, déduite de $P = 0$ par la substitution

$$y = y_1 \!\int z\,dx,$$

y_1 étant une intégrale de la forme déjà indiquée $x^\rho \psi(x)$.

Lorsque, dans l'équation $P = 0$, les coefficients p_1, p_2, ..., p_s ne contiennent qu'un nombre limité de puissances négatives de x, on sait (n° **21**) que les coefficients q_1, q_2, ..., q_s, dans l'équation $Q = 0$, ne renferment, eux aussi, qu'un nombre fini de puissances de x^{-1}. Cela étant, si g_1 est la plus grande valeur des nombres

(1) $$\Pi_0,\ \Pi_1,\ \Pi_2,\ \ldots,\ \Pi_s,$$

et Π_{i_1} le premier de leur suite qui soit égal à g_1, alors, dans la suite des nombres

(2) $$\Pi'_0,\ \Pi'_1,\ \Pi'_2,\ \ldots,\ \Pi'_s,$$

la plus grande valeur sera $g_1 - 1$, et le premier qui soit égal à $g_1 - 1$ sera Π'_{i_1}.

En effet, il résulte du n° **21** que, k étant au plus égal à S, l'ordre infinitésimal ϖ'_k de q_k est égal ou inférieur à la plus grande valeur des nombres

(3) $$\varpi_0 + k,\ \varpi_1 + k - 1,\ \ldots,\ \varpi_{k-1} + 1,\ \varpi_k,$$

et, si cette plus grande valeur est celle du dernier, on a $\varpi'_k = \varpi_k$. Or, augmentons tous les nombres (3) de la même quantité $m - k$, ce qui donne

$$(4) \qquad \Pi_0, \ \Pi_1, \ \Pi_2, \ \ldots, \ \Pi_k.$$

$1°$ Si $k = i_1$, i_1 étant l'indice défini dans l'énoncé, Π_k est plus grand que tous les autres nombres (4) ; donc, dans ce cas, le plus grand des nombres (3) est le dernier ϖ_k, et par suite $\varpi'_k = \varpi_k$. Ainsi, $\varpi'_{i_1} = \varpi_{i_1}$ ou, ce qui est la même chose, $\varpi'_{i_1} + (m-1) - i_1$ est égal à $\varpi_{i_1} + m - i_1 - 1$, c'est-à-dire

$$(5) \qquad \Pi'_{i_1} = \Pi_{i_1} - 1.$$

$2°$ Si $k < i_1$, la plus grande valeur des nombres (4) est inférieure à Π_{i_1} ; par suite, la plus grande valeur des nombres (3), augmentée de $m - k$, est inférieure à Π_{i_1} ; donc, *a fortiori*, $\varpi'_k + m - k$ est moindre que Π_{i_1}, ce qu'on peut écrire

$$\varpi'_k + (m - 1) - k < \Pi_{i_1} - 1 \quad \text{ou} \quad \Pi'_k < \Pi'_{i_1},$$

c'est-à-dire

$$(6) \qquad \Pi'_0, \ \Pi'_1, \ \Pi'_2, \ \ldots, \ \Pi'_{i_1-1} < \Pi'_{i_1}.$$

$3°$ Si $k > i_1$, k étant au plus égal à S, la plus grande valeur des nombres (4) est Π_{i_1} ; par suite, la plus grande valeur des nombres (3), augmentée de $m - k$, est Π_{i_1} ; donc $\varpi'_k + m - k$ est égal ou inférieur a Π_{i_1}, ce qu'on peut écrire

$$\varpi'_k + (m - 1) - k \leqq \Pi_{i_1} - 1 \quad \text{ou} \quad \Pi'_k \leqq \Pi'_{i_1},$$

c'est-à-dire

$$(7) \qquad \Pi'_{i_1+1}, \ \Pi'_{i_1+2}, \ \ldots, \ \Pi'_s \leqq \Pi'_{i_1}.$$

Les trois conclusions (5), (6), (7) renferment la démonstration du théorème énoncé ; car (6) et (7) expriment que la plus grande valeur des nombres (2) est celle de Π'_{i_1}, qui, d'après (5), est égal à $\Pi_{i_1} - 1$, c'est-à-dire à $g_1 - 1$, et les inégalités (6) montrent que Π'_{i_1} est le premier des nombres (2) qui soit égal à $g_1 - 1$.

Remarquons que, si $S = m - 1$, i_1 est l'indice caractéristique de l'équation Q $= 0$.

25. Nous pouvons maintenant démontrer la proposition suivante :

Lorsque, dans l'équation différentielle P $= 0$, *les coefficients* p_1, p_2, $\ldots$, p_s *ne contiennent dans leurs développements qu'un nombre limité de puissances négatives de* x, *si cette équation admet au moins* $m - s$ *intégrales régulières linéairement indépendantes, les autres coefficients* p_{s+1}, p_{s+2}, $\ldots$, p_m *ne renferment eux-mêmes qu'un nombre fini de puissances de* x^{-1}, *et, de plus, l'indice caractéristique est égal ou inférieur à* S.

Cette proposition a été établie au n° **20** pour une équation différentielle d'ordre $m = S + 1$. Je prouverai donc simplement que, si le théorème est vrai pour l'ordre $m - 1$, il l'est aussi pour l'ordre m.

Et, en effet, l'équation

$$P(y) = \frac{d^m y}{dx^m} + p_1 \frac{d^{m-1} y}{dx^{m-1}} + \ldots + p_m y = 0$$

ayant une intégrale régulière, puisqu'elle en a au moins $m - s$, admet (n° **17**) une intégrale

$$y_1 = x^\rho \psi(x),$$

où la fonction $\psi(x)$ est holomorphe dans le domaine du point zéro, et non nulle pour $x = 0$. Faisant la substitution

$$y = y_1 \textstyle\int z\, dx,$$

nous obtiendrons l'équation

$$Q(z) = \frac{d^{m-1}z}{dx^{m-1}} + q_1 \frac{d^{m-2}z}{dx^{m-2}} + \ldots + q_{m-1}z = 0,$$

où les coefficients q sont donnés par les relations (1) du n° **18**. L'équation $P = 0$ ayant par hypothèse au moins $m - s$ intégrales régulières linéairement indépendantes, l'équation $Q = 0$ en aura (n° **18**) au moins $m - 1 - s$. Or, p_1, p_2, …, p_s ne contenant qu'un nombre limité de puissances de x^{-1}, il en est de même (n° **21**) de q_1, q_2, …, q_s ; et, puisque le théorème est supposé démontré pour l'équation $Q = 0$ d'ordre $m - 1$, les autres coefficients q_{s+1}, q_{s+2}, …, q_{m-1}, seront eux-mêmes infinis d'ordres finis pour $x = 0$. Donc les coefficients p_{s+1}, p_{s+2}, …, p_{m-1} ne renferment aussi (n° **21**) qu'un nombre limité de puissances négatives de x, et alors, d'après le n° **20**, il en est de même de p_m.

Passons à la seconde partie de la proposition. Soit i l'indice caractéristique de l'équation $Q = 0$; on a $i \leqq s$, puisque le théorème est supposé vrai pour cette équation. Or, i étant l'indice caractéristique de $Q = 0$, Π'_i est la plus grande valeur des nombres

$$\Pi'_0, \ \Pi'_1, \ \Pi'_2, \ \ldots, \ \Pi'_{m-1}$$

et est le premier qui atteint cette valeur maxima. Donc, d'après le n° **24**, Π_i joue exactement le même rôle dans la suite des nombres

$$\Pi_0, \ \Pi_1, \ \Pi_2, \ \ldots, \ \Pi_{m-1}.$$

De plus, d'après le n° **20**, on a

$$\Pi_m \leqq \Pi_i.$$

D'où il résulte que i est l'indice caractéristique de l'équation $P = 0$, et, comme on a $i \leqq s$, la proposition se trouve établie.

26. La proposition du n° **20** étant ainsi généralisée, j'en déduis les deux conséquences suivantes :

1° *Si les $s-1$ premiers coefficients p_1, p_2, …, p_{s-1} de l'équation $P = 0$ contiennent un nombre limité de puissances négatives de x, sans qu'il en soit de même du $s^{\text{ième}}$, cette équation a au plus $m - s$ intégrales régulières linéairement indépendantes.*

En effet, si elle en avait $m - s + 1$ ou davantage, p_s serait aussi infini d'ordre fini pour $x = 0$.

2° *Si tous les coefficients de l'équation $P = 0$ ne contiennent qu'un nombre limité de puissances de x^{-1}, elle a au plus $m - i$ intégrales régulières linéairement indépendantes, i étant son indice caractéristique.*

En effet, si elle en avait $m - i + 1$ ou davantage, son indice caractéristique serait égal ou inférieur à $i - 1$.

Remarquons que le premier énoncé rentrerait dans le second si, lors même que Π_i est infini d'ordre infini, i continuait à se nommer l'indice caractéristique.

Nous considérerons tout particulièrement cette seconde proposition, qui nous invite à étudier spécialement les équations différentielles P $= 0$, dont tous les coefficients présentent le caractère des fonctions rationnelles d'être infinis d'ordre fini pour $x = 0$. Une pareille équation a au plus $m - i$ intégrales régulières linéairement indépendantes. Nous allons voir que souvent elle les a, comme dans le cas $i = 0$ (n° **23**), traité par M. Fuchs ; après quoi nous montrerons des exceptions.

27. Si l'on se donne arbitrairement les coefficients p_1, p_2, ..., p_i, ne contenant qu'un nombre fini de puissances de x^{-1}, on peut toujours déterminer les autres coefficients p_{i+1}, p_{i+2}, ..., p_m de telle sorte qu'ils soient aussi infinis d'ordre fini pour $x = 0$, que l'indice caractéristique soit i et que l'équation P $= 0$ ait exactement $m - i$ intégrales régulières linéairement indépendantes données à l'avance.

Soient, en effet, y_1, y_2, ..., y_{m-i} ces $m - i$ données. Écrivons qu'elles satisfont à l'équation P $= 0$. Nous obtenons ainsi un système de $m - i$ équations du premier degré qui vont déterminer les $m - i$ inconnues p_{i+1}, p_{i+2}, ..., p_m :

$$p_{i+1}\frac{d^{m-i-1}y_1}{dx^{m-i-1}} + ... + p_m y_1 = -\left(\frac{d^m y_1}{dx^m} + p_1\frac{d^{m-1}y_1}{dx^{m-1}} + ... + p_i\frac{d^{m-i}y_1}{dx^{m-i}}\right),$$

$$...,$$

$$p_{i+1}\frac{d^{m-i-1}y_{m-i}}{dx^{m-i-1}} + ... + p_m y_{m-i} = -\left(\frac{d^m y_{m-i}}{dx^m} + p_1\frac{d^{m-1}y_{m-i}}{dx^{m-1}} + ... + p_i\frac{d^{m-i}y_{m-i}}{dx^{m-i}}\right).$$

Leur déterminant

$$\Delta_0 = \begin{vmatrix} \dfrac{d^{m-i-1}y_1}{dx^{m-i-1}} & \cdots & y_1 \\ \cdots\cdots\cdots & \cdots & \cdots \\ \dfrac{d^{m-i-1}y_{m-i}}{dx^{m-i-1}} & \cdots & y_{m-i} \end{vmatrix}$$

n'est pas identiquement nul, puisque (n° **4**) les fonctions y_1, y_2, ..., y_{m-i} sont supposées linéairement indépendantes. Soit Δ_k le déterminant obtenu en remplaçant dans Δ_0 la colonne des dérivées d'ordre $m - i - k$ par les seconds membres. On aura

$$p_{i+k} = \frac{\Delta_k}{\Delta_0}.$$

Or, lorsque la variable accomplit une révolution autour du point zéro, les coefficients p_1, p_2, ..., p_i reprennent leurs valeurs primitives, et y_1, y_2, ..., y_{m-i} acquièrent des valeurs qui s'expriment en fonctions linéaires, homogènes, à coefficients constants des premières. Donc Δ_k et Δ_0 sont multipliés par un même déterminant, dont les éléments sont les coefficients de la substitution qui permet d'exprimer les nouvelles valeurs de y_1, y_2, ..., y_{m-i} à l'aide des anciennes. Donc p_{i+k} ne change pas, et, par suite, les fonctions obtenues pour p_{i+1}, p_{i+2}, ..., p_m sont monotropes dans le domaine du point zéro. L'équation différentielle ainsi construite avec des coefficients monotropes, ayant au moins $m - i$ intégrales régulières linéairement indépendantes, aura aussi (n° **25**) ses coefficients p_{i+1}, p_{i+2}, ..., p_m infinis d'ordres finis pour $x = 0$ et l'indice caractéristique sera égal ou inférieur à i. Mais on peut choisir les arbitraires p_1, p_2, ..., p_i de façon que l'on ait

$$\Pi_0,\ \Pi_1,\ \Pi_2,\ ...,\ \Pi_{i-1} < \Pi_i,$$

et alors l'indice caractéristique sera i. L'équation n'admet d'ailleurs pas plus de $m - i$ intégrales régulières linéairement indépendantes (n° **26**). On a donc ainsi une équation différentielle dont tous les coefficients présentent le caractère des fonctions rationnelles, dont l'indice caractéristique est i, et qui a exactement $m - i$ intégrales régulières linéairement indépendantes.

Les coefficients p_1, p_2, ..., p_m de l'équation ainsi obtenue contiennent m arbitraires : p_1, p_2, ..., p_i, y_1, y_2, ..., y_{m-i}. On voit donc que, dans un grand nombre de cas, l'équation différentielle $\mathrm{P} = 0$, dont tous les coefficients sont infinis d'ordres finis pour $x = 0$ et dont l'indice caractéristique est i, admettra exactement $m - i$ intégrales régulières linéairement indépendantes.

28. Mais il est facile de se convaincre qu'il y a des exceptions et que l'équation peut avoir moins de $m - i$ intégrales régulières. Je vais en former un exemple.

Posons

$$\frac{dy}{dx} + ky = \mathrm{Y},$$

et considérons les deux équations différentielles

(1) $$\mathrm{Y} + h = 0,$$

(2) $$\mathrm{Y} = 0.$$

Formons l'équation

(3) $$h\frac{d\mathrm{Y}}{dx} - \mathrm{Y}\frac{dh}{dx} = 0,$$

savoir

(4) $$\frac{d^2y}{dx^2} + p_1\frac{dy}{dx} + p_2 y = 0,$$

où l'on a

$$p_1 = k - \frac{d\log h}{dx}, \quad p_2 = \frac{dk}{dx} - k\frac{d\log h}{dx}.$$

Toutes les intégrales de (1) et de (2) satisfont évidemment à (3), c'est-à-dire à (4) et inversement, comme (3) donne par l'intégration

$$\mathrm{Y} = \mathrm{C}h,$$

si y est une solution de (4), ou bien y vérifiera l'équation (2), ou bien $-\dfrac{y}{\mathrm{C}}$ vérifiera l'équation (1). Il résulte de là que, si (1) et (2) n'ont pas de solutions présentant le caractère des intégrales régulières, l'équation (4) n'aura pas d'intégrales régulières.

Or, donnons-nous arbitrairement p_1 et h :

$$p_1 = \frac{1}{x^4}, \quad h = x.$$

On a alors

$$k = \frac{1}{x^4} + \frac{1}{x},$$

c'est-à-dire que k est infini pour $x = 0$ d'ordre fini 4. Cet ordre étant supérieur à 1, l'équation (2) n'a (n° **22**) aucune intégrale régulière. L'équation non homogène (1) n'a pas non plus de solution de la nature des intégrales régulières, car son intégrale générale est

$$y = e^{-\int k\, dx}(\mathrm{C}' - \int h e^{\int k\, dx}dx),$$

ou, en remplaçant h et k par leurs valeurs et effectuant l'intégration entre crochets,

$$y = e^{-\int k\, dx}[\Theta(x) + \mathrm{C}_1 \log x].$$

C_1 étant une constante, et la fonction $\Theta(x)$ renfermant dans son développement un nombre illimité de puissances de x^{-1}, comme $e^{-\int k\,dx}$. Donc aucune des intégrales de (1) et de (2) n'est régulière, et, par suite, l'équation (4) n'a pas d'intégrales régulières. Elle est cependant de la forme

$$\frac{d^2y}{dx^2} + \frac{1}{x^4}\frac{dy}{dx} + \frac{f(x)}{x^5}y = 0,$$

où la fonction $f(x)$ est holomorphe dans le domaine du point zéro, car on a

$$f(x) = -2x^3 - 5.$$

L'indice caractéristique est 1, et, néanmoins, l'équation n'a pas une intégrale régulière.

La méthode précédente peut d'ailleurs se généraliser et permet de former des équations différentielles de tout degré, à coefficients infinis d'ordres finis pour $x = 0$, qui n'ont pas $m - i$ intégrales régulières linéairement indépendantes, i étant leur indice caractéristique.

29.   En résumé, l'équation différentielle P $= 0$, dont tous les coefficients ne renferment qu'un nombre limité de puissances négatives de x, a au plus $m - i$ intégrales régulières linéairement indépendantes. Si $i = 0$, elle les a toujours. Si $i > 0$, elle les a dans un grand nombre de cas, mais il y a des exceptions. Il s'agit donc maintenant d'approfondir nos recherches dans ce cas $i > 0$, et d'arriver à préciser les conditions nécessaires et suffisantes que doit remplir l'équation différentielle pour avoir exactement $m - i$ intégrales régulières. Nous sommes ainsi amenés à étudier plus profondément les équations dont les coefficients présentent tous le caractère des fonctions rationnelles. Observons encore que l'équation du second ordre qui nous a servi d'exemple d'exception s'est offerte à nous comme ayant ses intégrales communes avec deux équations du premier ordre. Cette remarque conduit à la notion féconde de la réductibilité, dans la théorie des équations différentielles linéaires.

TROISIÈME PARTIE.

30.   Soit l'équation différentielle linéaire homogène

$$\mathrm{P}(y) = \frac{d^m y}{dx^m} + p_1 \frac{d^{m-1}y}{dx^{m-1}} + \ldots + p_m y = 0,$$

dont les coefficients p, dans le domaine du point zéro, sont développables en séries convergentes, procédant suivant les puissances entières, positives et négatives de x, mais ne contiendront désormais qu'un nombre limité de puissances négatives.

Je vais définir la fonction caractéristique.

Dans l'expression différentielle $\mathrm{P}(y)$, faisons la substitution $y = x^\rho$. Nous obtenons ainsi une fonction de x et de ρ, $\mathrm{P}(x^\rho)$, que nous appellerons avec M. Fröbenius la *fonction caractéristique* de l'équation différentielle P $= 0$ ou de l'expression différentielle P.

Nous avons déjà eu l'occasion de former la fonction caractéristique d'une équation différentielle, car c'est elle que nous avons rencontrée au n° **23** pour l'équation particulière

$$\frac{d^m y}{dx^m} + \frac{\mathrm{P}_1(x)}{x}\frac{d^{m-1}y}{dx^{m-1}} + \frac{\mathrm{P}_2(x)}{x^2}\frac{d^{m-2}y}{dx^{m-2}} + \ldots + \frac{\mathrm{P}_m(x)}{x^m}y = 0.$$

Formons actuellement la fonction caractéristique de P ; nous obtenons

$$\mathrm{P}(x^\rho) = x^\rho\left[\frac{\rho(\rho-1)\ldots(\rho-m+1)}{x^m} + p_1\frac{\rho(\rho-1)\ldots(\rho-m+2)}{x^{m-1}} + \ldots + p_{m-1}\frac{\rho}{x} + p_m\right].$$

J'en déduis

$$x^{-\rho}\mathrm{P}(x^\rho) = \frac{\rho(\rho-1)\ldots(\rho-m+1)}{x^m} + p_1\frac{\rho(\rho-1)\ldots(\rho-m+2)}{x^{m-1}} + \ldots + p_m.$$

D'où l'on voit que le produit $x^{-\rho}\mathrm{P}(x^\rho)$ peut être, comme les coefficients p, développé en une série procédant suivant les puissances entières de x, ne contenant qu'un nombre limité de puissances de x^{-1} et dont les coefficients sont des fonctions entières de ρ du degré m au plus.

31. Si l'expression différentielle P est donnée, sa fonction caractéristique $\mathrm{P}(x^\rho)$ est connue.

Inversement, supposons que la fonction caractéristique soit donnée sous la forme $x^\rho f(x,\rho)$, $f(x,\rho)$ étant une fonction entière de ρ dont les coefficients sont des fonctions de x. On connaîtra aisément l'expression différentielle.

En effet, une fonction entière de ρ, $f(x,\rho)$, de degré m, peut toujours se mettre, et d'une seule manière, sous la forme

$$f(x,\rho) = u_m\rho(\rho-1)\ldots(\rho-m+1) + u_{m-1}\rho(\rho-1)\ldots(\rho-m+2) + \ldots$$
$$+ u_2\rho(\rho-1) + u_1\rho + u_0,$$

où l'on a

$$u_\eta = \frac{[\Delta_\rho^{(\eta)}f(x,\rho)]_{\rho=0}}{1\,.\,2\,.\,3\ldots\eta},$$

en posant

$$f(x,\rho+1) - f(x,\rho) = \Delta_\rho f(x,\rho).$$

On en déduit

$$x^\rho f(x,\rho) = x^\rho\left[u_m x^m\frac{\rho(\rho-1)\ldots(\rho-m+1)}{x^m}\right.$$
$$\left. + u_{m-1}x^{m-1}\frac{\rho(\rho-1)\ldots(\rho-m+2)}{x^{m-1}} + \ldots + u_2 x^2\frac{\rho(\rho-1)}{x^2} + u_1 x\frac{\rho}{x} + u_0\right].$$

Donc $x^\rho f(x,\rho)$ est la fonction caractéristique de l'expression différentielle

$$u_m x^m\frac{d^m y}{dx^m} + u_{m-1}x^{m-1}\frac{d^{m-1}y}{dx^{m-1}} + \ldots + u_1 x\frac{dy}{dx} + u_0 y.$$

32. Nous avons vu que le produit

$$x^{-\rho}\mathrm{P}(x^\rho) = \frac{\rho(\rho-1)\ldots(\rho-m+1)}{x^m} + p_1\frac{\rho(\rho-1)\ldots(\rho-m+2)}{x^{m-1}} + \ldots + p_{m-1}\frac{\rho}{x} + p_m$$

pouvait être développé en une série procédant suivant les puissances ascendantes de x et limitée à gauche, dont les coefficients sont des fonctions entières de ρ de degré m au plus. Cherchons le premier terme à gauche dans cette série. Il est visible que les exposants de x dans les dénominateurs de $x^{-\rho}\mathrm{P}(x^\rho)$ sont successivement les nombres

$$\Pi_0,\ \Pi_1,\ \Pi_2,\ \ldots,\ \Pi_{m-1},\ \Pi_m,$$

définis au n° **16**. Si donc g est leur plus grande valeur, le premier terme de la série est de la forme $\dfrac{\mathrm{G}(\rho)}{x^g}$, $\mathrm{G}(\rho)$ étant une fonction entière de ρ, indépendante de x. Quant au degré γ de cette fonction en ρ, égal au plus à m, il est évidemment

$$\gamma = m - i,$$

i étant l'indice du premier nombre Π égal à g, c'est-à-dire i étant l'indice caractéristique. Dans le cas particulier $i = 0$, l'équation $\mathrm{G}(\rho) = 0$, de degré m, n'est autre chose que l'équation mentionnée au n° **23**, et que M. Fuchs a nommée l'*équation fondamentale déterminante*.

Nous généraliserons alors cette dénomination, et nous appellerons dans tous les cas et plus simplement *équation déterminante* de l'équation différentielle $\mathrm{P} = 0$ ou de l'expression P l'équation $\mathrm{G}(\rho) = 0$. Son premier membre $\mathrm{G}(\rho)$ sera la *fonction déterminante*.

Ainsi, pour obtenir la fonction déterminante d'une expression différentielle, on formera sa fonction caractéristique, qu'on multipliera par $x^{-\rho}$, puis on développera le produit suivant les puissances ascendantes de x : le coefficient du premier terme sera la fonction déterminante. Remarquons que, ayant g, il suffit de multiplier la fonction caractéristique par $x^{g-\rho}$, puis de faire $x = 0$:

$$\left[x^{g-\rho}\mathrm{P}(x^\rho)\right]_{x=0}.$$

33. J'établirai immédiatement quelques propriétés de l'équation déterminante de l'expression différentielle P.

Je remarque d'abord que, si p_m est identiquement nul, la fonction caractéristique, et, par suite, la fonction déterminante, est divisible par ρ. Si l'on effectue cette division, et que l'on change ensuite ρ en $\rho+1$ dans le quotient, on obtiendra, en égalant à zéro, l'équation déterminante de l'équation différentielle d'ordre $m-1$ obtenue en prenant pour inconnue $\dfrac{dy}{dx}$.

On aperçoit encore de suite que, si dans l'équation $\mathrm{P} = 0$ on pose

$$y = x^{\rho_0}w,$$

l'équation déterminante de l'équation différentielle en w ainsi obtenue aura pour racines celles de l'équation déterminante de $\mathrm{P} = 0$, diminuées de ρ_0. En effet, la fonction caractéristique de l'équation en w, $\mathrm{P}(x^{\rho_0}w) = 0$, est $\mathrm{P}(x^{\rho_0+\rho})$. Elle se déduit donc de la fonction caractéristique $\mathrm{P}(x^\rho)$ de l'équation en y, en changeant ρ en $\rho_0 + \rho$, et, par conséquent, il en est de même des équations déterminantes.

Enfin, si dans l'équation $P = 0$ on pose

$$y = \psi(x)w,$$

$\psi(x)$ étant une fonction holomorphe dans le domaine du point zéro, et non nulle pour $x = 0$, l'équation déterminante de l'équation différentielle en w ainsi obtenue sera la même que celle de l'équation en y. En effet, on voit sans peine que, l'équation en w étant de la forme

$$\frac{d^m w}{dx^m} + (p_1 + P_1)\frac{d^{m-1}w}{dx^{m-1}} + (p_2 + P_2)\frac{d^{m-2}w}{dx^{m-2}} + \ldots + (p_m + P_m)w = 0,$$

sa fonction caractéristique est la somme de deux termes. Le premier terme

$$x^\rho \left[\frac{\rho(\rho-1)\ldots(\rho-m+1)}{x^m} + p_1\frac{\rho(\rho-1)\ldots(\rho-m+2)}{x^{m-1}} + \ldots + p_m \right]$$

est la fonction caractéristique de l'équation en y, et, dans le second terme,

$$x^\rho \left[\frac{\rho(\rho-1)\ldots(\rho-m+1)}{x^m} + P_1\frac{\rho(\rho-1)\ldots(\rho-m+2)}{x^{m-1}} + \ldots + P_m \right],$$

le plus haut exposant de x en dénominateur est inférieur au plus haut g dans les dénominateurs du premier terme. D'où il résulte que, si l'on multiplie par $x^{g-\rho}$, puis qu'on fasse $x = 0$, pour obtenir la fonction déterminante de l'équation en w, le second terme s'évanouira tout entier, et l'on obtiendra par conséquent le même résultat qu'en opérant sur le premier terme seul, c'est-à-dire la fonction déterminante de l'équation en y.

Il suit de ces diverses propositions, ρ_1, ρ_2, ..., ρ_γ étant les γ racines de l'équation déterminante de P :

1° Que si, dans $P = 0$, on pose

$$y = y_1 w,$$

où y_1 est une intégrale de la forme $x^{\rho_0}\psi(x)$, $\psi(x)$ étant holomorphe dans le domaine du point zéro, et non nul pour $x = 0$, l'équation différentielle en w, homogène par rapport aux dérivées, ainsi obtenue, aura une fonction déterminante dont les racines seront

$$\rho_1 - \rho_0, \ \rho_2 - \rho_0, \ \ldots, \ \rho_\gamma - \rho_0,$$

et que, par conséquent, comme cette fonction est divisible par ρ, l'une des quantités ρ_1, ρ_2, ..., ρ_γ est égale à ρ_0, soit $\rho_1 = \rho_0$;

2° Que, si l'on pose ensuite dans l'équation en w

$$w = \int z \, dx,$$

la fonction déterminante de l'équation en z sera de degré $\gamma - 1$ et aura pour racines

$$\rho_2 - \rho_0 - 1, \ \rho_3 - \rho_0 - 1, \ \ldots, \ \rho_\gamma - \rho_0 - 1;$$

3° Que si, par conséquent, dans $P = 0$, on fait la substitution

$$y = y_1\!\int z \, dx,$$

l'équation en z, d'ordre $m - 1$, ainsi obtenue, aura pour équation déterminante l'équation de degré $\gamma - 1$, qui admet comme racines

$$\rho_2 - \rho_0 - 1, \ \rho_3 - \rho_0 - 1, \ \ldots, \ \rho_\gamma - \rho_0 - 1.$$

34. La relation simple

$$i + \gamma = m$$

entre l'ordre de l'équation différentielle, son indice caractéristique et le degré de son équation déterminante permet de substituer à la notion de l'indice caractéristique la considération plus rationnelle de l'équation déterminante. *L'indice caractéristique d'une équation différentielle n'est autre que la différence entre l'ordre de cette équation et le degré de son équation déterminante.*

Dès lors, toutes les propositions concernant l'indice caractéristique, relatives, par conséquent, à des équations différentielles dont tous les coefficients sont infinis d'ordres finis pour $x = 0$, pourront s'exprimer à l'aide de l'équation déterminante.

C'est ainsi que nous énoncerons de la manière suivante la proposition du n° **26** :

Le nombre des intégrales régulières linéairement indépendantes de l'équation $\mathrm{P} = 0$ *est, au plus, égal au degré de son équation déterminante.*

35. On peut d'ailleurs se faire une idée encore plus nette de la fonction caractéristique et de la fonction déterminante de l'équation différentielle $\mathrm{P} = 0$ en mettant cette équation sous une certaine forme.

Écrivons-la ainsi :

$$\mathrm{P}(y) = \frac{1}{x^m} x^m \frac{d^m y}{dx^m} + \frac{p_1}{x^{m-1}} x^{m-1} \frac{d^{m-1}y}{dx^{m-1}} + \ldots + \frac{p_{m-1}}{x} x \frac{dy}{dx} + p_m y = 0.$$

Réduisons les fractions

$$\frac{1}{x^m}, \ \frac{p_1}{x^{m-1}}, \ \frac{p_2}{x^{m-2}}, \ \ldots, \ \frac{p_{m-1}}{x}, \ p_m$$

au plus simple dénominateur commun x^g, puis multiplions tout par x^g. L'équation différentielle deviendra

$$\mathrm{N}(y) = n_0 x^m \frac{d^m y}{dx^m} + n_1 x^{m-1} \frac{d^{m-1}y}{dx^{m-1}} + \ldots + n_{m-1} x \frac{dy}{dx} + n_m y = 0,$$

où les séries n_0, n_1, ..., n_m contiennent seulement des puissances positives de x, et ne s'évanouissent pas toutes pour $x = 0$.

Nous appellerons cette forme du premier membre d'une équation différentielle sa *forme normale.*

La fonction caractéristique de l'expression différentielle N est

$$\mathrm{N}(x^\rho) = x^\rho[n_0\rho(\rho-1)\ldots(\rho-m+1) + n_1\rho(\rho-1)\ldots(\rho-m+2) + \ldots + n_{m-1}\rho + n_m];$$

par conséquent, le produit $x^{-\rho}\mathrm{N}(x^\rho)$ ne contient que des puissances positives de x et n'est pas nul pour $x = 0$. Son terme constant est la fonction déterminante.

Inversement, on voit facilement que, si une expression différentielle a une fonction caractéristique remplissant ces conditions, elle a la forme normale. On peut donc, par l'examen de la fonction caractéristique, reconnaître si une expression différentielle a la forme normale.

36. Je vais définir ce qu'on entendra par une *expression différentielle composée*, et en démontrer une importante propriété.

Soit l'expression différentielle

$$\mathrm{A}(y) = a_0 \frac{d^\alpha y}{dx^\alpha} + a_1 \frac{d^{\alpha-1}y}{dx^{\alpha-1}} + \ldots + a_{\alpha-1} \frac{dy}{dx} + a_\alpha y.$$

Je considérerai la lettre A comme un symbole d'opération, de telle sorte que $A(y)$ indique une opération définie à effectuer sur y :

$$A(y) = \left(a_0 \frac{d^\alpha}{dx^\alpha} + a_1 \frac{d^{\alpha-1}}{dx^{\alpha-1}} + \ldots + a_\alpha \right) y.$$

Cela étant, $A(B)$, ou simplement AB, indiquera la même opération effectuée sur B. Si alors B est une seconde expression différentielle, AB représentera aussi une expression différentielle C, et nous dirons que l'expression AB = C, obtenue en effectuant sur B les opérations indiquées par le symbole A, est composée des expressions A et B, énoncées dans cet ordre.

Même définition pour une expression composée de plus de deux expressions.

Si les coefficients des expressions composantes ne contiennent qu'un nombre limité de puissances négatives de x, comme on le suppose ici, il est clair qu'il en est de même des coefficients de l'expression composée.

Soit AB = C et soient

$$A(x^\rho) = x^\rho h(x,\rho) = \sum\nolimits_\mu h_\mu(\rho)x^{\rho+\mu},$$

$$B(x^\rho) = x^\rho k(x,\rho) = \sum\nolimits_\nu k_\nu(\rho)x^{\rho+\nu},$$

$$C(x^\rho) = x^\rho l(x,\rho) = \sum\nolimits_\lambda l_\lambda(\rho)x^{\rho+\lambda}$$

les fonctions caractéristiques des expressions différentielles A, B, C. On a

$$C(x^\rho) = AB(x^\rho) = A\left[\sum\nolimits_\nu k_\nu(\rho)x^{\rho+\nu} \right] = \sum\nolimits_\nu k_\nu(\rho)A(x^{\rho+\nu}),$$

c'est-à-dire

$$\sum\nolimits_\lambda l_\lambda(\rho)x^\lambda = \sum\nolimits_\mu \sum\nolimits_\nu h_\mu(\rho+\nu)k_\nu(\rho)x^{\mu+\nu}.$$

Il résulte de cette égalité que, si A et B ont la forme normale, comme alors $h_\mu(\rho)$ et $k_\nu(\rho)$ s'évanouissent pour les valeurs négatives de μ et de ν, mais non pour la valeur nulle, $\sum_\lambda l_\lambda(\rho)x^\lambda$ ne contiendra que des puissances positives de x et sera différent de zéro pour $x = 0$. Donc (n° **35**), la fonction caractéristique de C, divisée par x^ρ, remplissant ces conditions, C aura lui-même la forme normale. De plus, si nous faisons $x = 0$ dans la même égalité, nous aurons entre les fonctions déterminantes de A, B, C cette relation simple

$$l_0(\rho) = h_0(\rho)k_0(\rho).$$

D'où cette proposition :

Si une expression différentielle est composée de plusieurs expressions différentielles de forme normale, elle a elle-même la forme normale, et sa fonction déterminante est le produit des fonctions déterminantes des expressions composantes.

Le degré de $l_0(\rho)$ est, par conséquent, la somme des degrés $h_0(\rho)$ et de $k_0(\rho)$.

Plus généralement, on peut remarquer que, *si deux des trois expressions* A, B, C *ont la forme normale, il en est de même de la troisième.*

37. Je vais maintenant m'occuper, en vue des recherches ultérieures, de la réductibilité et de l'irréductibilité de l'équation différentielle P = 0. L'introduction de cette notion, outre qu'elle nous sera d'une utilité capitale, aura l'avantage de mettre une fois de plus en évidence l'analogie si complète des équations différentielles linéaires avec les équations algébriques.

Une équation différentielle linéaire homogène, dont les coefficients ne contiennent qu'un nombre limité de puissances de x^{-1}, sera dite *réductible* lorsqu'elle aura au moins une intégrale commune avec une autre équation différentielle linéaire homogène, d'ordre moindre, et dont les coefficients présentent le même caractère. Dans le cas contraire, l'équation sera dite *irréductible*.

Par exemple, l'équation du second ordre

$$\frac{d^2 y}{dx^2} + \frac{1}{x^4}\frac{dy}{dx} - \frac{2x^3 + 5}{x^5}y = 0,$$

que nous avons rencontrée au n° **28**, est réductible, puisqu'elle admet toutes les intégrales de l'équation du premier ordre

$$\frac{dy}{dx} + \frac{x^3 + 1}{x^4}y = 0.$$

Nous formerons tout à l'heure des équations irréductibles.

38. Soient

$$A(y) = a_0 \frac{d^\alpha y}{dx^\alpha} + a_1 \frac{d^{\alpha-1} y}{dx^{\alpha-1}} + \ldots + a_\alpha y,$$

$$B(y) = b_0 \frac{d^\beta y}{dx^\beta} + b_1 \frac{d^{\beta-1} y}{dx^{\beta-1}} + \ldots + b_\beta y$$

deux expressions différentielles, de même nature que P, et où l'on a

$$\alpha \geqq \beta \quad \text{et} \quad \alpha - \beta = \varkappa.$$

Je dis que, si Q désigne le symbole d'opération

$$Q(y) = q_0 \frac{d^\varkappa y}{dx^\varkappa} + q_1 \frac{d^{\varkappa-1} y}{dx^{\varkappa-1}} + \ldots + q_\varkappa y,$$

on pourra toujours mettre A sous la forme

$$A = QB + R,$$

les q ne contenant qu'un nombre limité de puissances x^{-1}, et R représentant une expression différentielle de même nature que A, B, Q, mais d'ordre inférieur à β.

Si, en effet, on dérive B $\varkappa$ fois, on obtient

$$\frac{dB}{dx} = b_0 \frac{d^{\beta+1} y}{dx^{\beta+1}} + u_{11}\frac{d^\beta y}{dx^\beta} + U_1,$$

$$\frac{d^2 B}{dx^2} = b_0 \frac{d^{\beta+2} y}{dx^{\beta+2}} + u_{21}\frac{d^{\beta+1} y}{dx^{\beta+1}} + u_{22}\frac{d^\beta y}{dx^\beta} + U_2,$$

$$\ldots\ldots\ldots\ldots\ldots\ldots\ldots\ldots\ldots\ldots\ldots\ldots\ldots\ldots\ldots\ldots,$$

$$\frac{d^\varkappa B}{dx^\varkappa} = b_0 \frac{d^\alpha y}{dx^\alpha} + u_{\varkappa 1}\frac{d^{\alpha-1} y}{dx^{\alpha-1}} + \ldots + u_{\varkappa\varkappa}\frac{d^\beta y}{dx^\beta} + U_\varkappa,$$

les u ne contenant qu'un nombre limité de puissances de x^{-1}, et les U étant des expressions différentielles d'ordres inférieurs à β, et à coefficients de même caractère que les u. On déduit de là la valeur de la somme

$$q_0 \frac{d^\varkappa B}{dx^\varkappa} + q_1 \frac{d^{\varkappa-1} B}{dx^{\varkappa-1}} + \ldots + q_\varkappa B,$$

c'est-à-dire la valeur de QB :

$$QB = q_0 b_0 \frac{d^\alpha y}{dx^\alpha} + (q_0 u_{\varkappa 1} + q_1 b_0) \frac{d^{\alpha-1} y}{dx^{\alpha-1}} + (q_0 u_{\varkappa 2} + q_1 u_{\varkappa-1,1} + q_2 b_0) \frac{d^{\alpha-2} y}{dx^{\alpha-2}} + \ldots$$

$$+ (q_0 u_{\varkappa\varkappa} + q_1 u_{\varkappa-1,\varkappa-1} + \ldots + q_{\varkappa-1} u_{11} + q_\varkappa b_0) \frac{d^\beta y}{dx^\beta}$$

$$+ q_0 U_\varkappa + q_1 U_{\varkappa-1} + \ldots + q_{\varkappa-1} U_1 + q_\varkappa \left(b_1 \frac{d^{\beta-1} y}{dx^{\beta-1}} + \ldots + b_\beta y \right).$$

Déterminons $q_0, q_1, q_2, \ldots, q_\varkappa$ par les conditions suivantes, ce qui est toujours possible :

$$q_0 b_0 = a_0,$$

$$q_0 u_{\varkappa 1} + q_1 b_0 = a_1,$$

$$\ldots\ldots\ldots\ldots\ldots,$$

$$q_0 u_{\varkappa\varkappa} + q_1 u_{\varkappa-1,\varkappa-1} + \ldots + q_{\varkappa-1} u_{11} + q_\varkappa b_0 = a_\varkappa;$$

nous trouverons évidemment des valeurs ne contenant qu'un nombre limité de puissances négatives de x, et nous aurons

$$QB = a_0 \frac{d^\alpha y}{dx^\alpha} + a_1 \frac{d^{\alpha-1} y}{dx^{\alpha-1}} + \ldots + a_\varkappa \frac{d^\beta y}{dx^\beta} + U,$$

U étant d'ordre inférieur β. Or cela peut s'écrire

$$A = QB + R,$$

en posant

$$R = a_{\varkappa+1} \frac{d^{\beta-1} y}{dx^{\beta-1}} + \ldots + a_\alpha y - U,$$

expression différentielle d'ordre inférieur à β, et dont les coefficients présentent le caractère des fonctions rationnelles.

Il résulte de l'égalité

$$A = QB + R$$

que toute intégrale commune aux deux équations $A = 0$ et $B = 0$ est une intégrale de $R = 0$, et que, inversement, toute intégrale commune aux deux équations $B = 0$ et $R = 0$ est une intégrale de $A = 0$.

39.   Supposons que toutes les intégrales de $B = 0$ satisfassent à $A = 0$: alors elles satisfont aussi à $R = 0$. Mais l'équation $R = 0$, étant d'ordre inférieur à β, ne peut admettre β intégrales linéairement indépendantes que si R s'évanouit identiquement. D'où cette proposition :

Si l'équation $A = 0$ *admet toutes les intégrales de l'équation* $B = 0$, A *se met sous la forme composée* $A = QB$.

Remarquons que Q est d'ordre $\alpha - \beta$ et que, d'après le n° **36**, si A et B ont la forme normale, il en sera de même de Q.

40.   Supposons l'équation $B = 0$ irréductible, et imaginons qu'elle ait une intégrale commune avec l'équation $A = 0$, auquel cas l'ordre de A est au moins égal à celui de B, sans quoi $B = 0$ serait réductible. On a alors l'égalité

$$A = QB + R,$$

et l'intégrale commune vérifie R = 0. Mais B = 0, étant irréductible, ne peut avoir aucune intégrale commune avec l'équation R = 0, qui est d'ordre moindre. Il faut donc que R s'évanouisse identiquement, et, par suite, on a l'identité

$$A = QB,$$

ce qui donne cette proposition :

Si l'équation A = 0 *admet une intégrale de l'équation irréductible* B = 0, *elle les admettra toutes.*

41. A et B étant deux expressions différentielles d'ordres respectifs α et β, il est facile d'obtenir l'équation différentielle qui donne les intégrales communes aux deux équations A = 0 et B = 0.

J'opérerai comme dans la recherche d'un plus grand commun diviseur.

Soit $\alpha \geqq \beta$. On a

$$A = QB + R_1,$$

et les intégrales communes à A = 0 et à B = 0 sont les solutions communes à B = 0 et à $R_1 = 0$. On aura donc ainsi successivement

$$
\begin{aligned}
A \quad &= \quad QB \ + R_1, \\
B \quad &= Q_1 R_1 + R_2, \\
R_1 \quad &= Q_2 R_2 + R_3, \\
&\ \ldots\ldots\ldots\ldots\ldots\ldots, \\
R_{\varepsilon-1} &= Q_\varepsilon R_\varepsilon + R_{\varepsilon+1}.
\end{aligned}
$$

Si σ_1, σ_2, σ_3, ... sont les ordres respectifs des expressions différentielles R_1, R_2, R_3, ..., on a les inégalités

$$\alpha \geqq \beta > \sigma_1 > \sigma_2 > \sigma_3 > \ldots,$$

d'où il résulte que σ_j s'évanouit au plus tard pour $j = \beta$. Soient

$$\sigma_{\varepsilon+1} = 0 \quad \text{et} \quad \sigma_\varepsilon \gneqq 0.$$

Alors $R_{\varepsilon+1}$ est égal ou à uy, u étant une fonction de x, ou à zéro. Dans le premier cas, les deux équations A = 0 et B = 0 ne sont vérifiées simultanément que pour $y = 0$, c'est-à-dire qu'elles n'ont aucune intégrale commune. Dans le second cas, A = 0 et B = 0 ont des intégrales communes qui sont les solutions de l'équation différentielle $R_\varepsilon = 0$.

De là cette proposition :

Si l'équation A = 0 *est réductible, il existe une équation* D = 0, *d'ordre moindre, dont elle admet toutes les intégrales.*

42. Il résulte du théorème précédent et de la proposition du n° **39** que la condition nécessaire et suffisante pour que l'équation A = 0 soit réductible est que A puisse se mettre sous la forme composée

$$A = QD,$$

où la somme des ordres $\varkappa$ et δ de Q et de D est égale à l'ordre α de A. Tel est le caractère d'une équation réductible.

On sait qu'étant donnée une équation algébrique de degré δ, ayant toutes ses racines communes avec une autre, de degré $\varkappa + \delta$, on peut ramener la détermination de toutes les autres racines à la résolution d'une équation de degré $\varkappa$. De même, connaissant D, on pourra intégrer l'équation différentielle réductible A $= 0$ au moyen d'une équation différentielle Q $= 0$, d'ordre $\varkappa$, en prenant pour inconnue D.

43. Il est facile de reconnaître l'existence d'équations différentielles irréductibles de tout degré.

Je vais en effet former une équation irréductible A $= 0$ d'ordre donné α. Je formerai d'abord sa fonction caractéristique $A(x^\rho)$; j'en déduirai (n° **31**) ensuite A.

Dans ce but, je prends au hasard une fonction entière de ρ, $h(x,\rho)$, de degré α, dont les coefficients ne contiennent que des puissances positives de x et ne soient pas tous nuls pour $x = 0$:

$$h(x,\rho) = h_0(\rho) + h_1(\rho)x + h_2(\rho)x^2 + \ldots,$$

de sorte que $h_0(\rho)$ n'est pas identiquement nul. J'assujettis simplement la fonction $h(x,\rho)$ à deux conditions, savoir : $h_0(\rho)$ sera une constante et $h_1(\rho)$ sera de degré α.

Cela posé, il existe une expression différentielle A, de forme normale, qui admet pour fonction caractéristique $x^\rho h(x,\rho)$ (n° **35**), et l'on a

$$A(y) = a_0 x^\alpha \frac{d^\alpha y}{dx^\alpha} + a_1 x^{\alpha-1}\frac{d^{\alpha-1}y}{dx^{\alpha-1}} + \ldots + a_\alpha y,$$

où a_α et $\dfrac{a_0}{x}$ ne s'évanouissent pas pour $x = 0$, à cause des deux conditions imposées à $h(x,\rho)$.

Je dis que l'équation A $= 0$ est irréductible.

En effet, si elle était réductible, il existerait (n° **41**) une équation D $= 0$, d'ordre moindre δ, dont elle admettrait toutes les intégrales, et l'on pourrait mettre A sous la forme composée

$$A = QD,$$

Q étant une expression d'ordre $\varkappa$ tel qu'on ait

$$\varkappa + \delta = \alpha.$$

On peut d'ailleurs supposer que Q et D ont la forme normale comme A. Or, soient

$$Q(x^\rho) = x^\rho[\eta_0(\rho) + \eta_1(\rho)x + \eta_2(\rho)x^2 + \ldots],$$
$$D(x^\rho) = x^\rho[\zeta_0(\rho) + \zeta_1(\rho)x + \zeta_2(\rho)x^2 + \ldots]$$

les fonctions caractéristiques des expressions Q et D ; leurs degrés en ρ ne surpassent pas, comme on sait, les ordres $\varkappa$ et δ. La formule du n° **36** donne les deux identités

$$h_0(\rho) = \eta_0(\rho)\zeta_0(\rho),$$
$$h_1(\rho) = \zeta_0(\rho)\eta_1(\rho) + \eta_0(\rho+1)\zeta_1(\rho).$$

D'après la première, $h_0(\rho)$ étant une constante, $\eta_0(\rho)$ et $\zeta_0(\rho)$ sont eux-mêmes constants ; par suite, d'après la seconde, la fonction $h_1(\rho)$, qui, par hypothèse, est de degré α, serait identique à une fonction dont le degré n'est pas supérieur au plus grand des deux nombres $\varkappa$ et δ, ce qui est impossible. Donc l'équation A $= 0$ est irréductible.

Remarquons que $h_0(\rho)$, $\eta_0(\rho)$ et $\zeta_0(\rho)$ sont les fonctions déterminantes de A, Q et D, de sorte que la fonction déterminante de A est une constante.

Ainsi donc, par la méthode précédente, on peut former des équations différentielles irréductibles de tout degré.

44. Avant d'utiliser les considérations qui précèdent pour l'objet de notre étude, la recherche des intégrales régulières, je vais les appliquer à la décomposition des expressions différentielles linéaires, homogènes, à coefficients constants.

Soit l'équation différentielle

$$\mathrm{P}(y) = \frac{d^m y}{dx^m} + p_1 \frac{d^{m-1} y}{dx^{m-1}} + \ldots + p_m y = 0,$$

où les p sont des constantes.

1° L'expression différentielle P peut se mettre sous la forme composée $\mathrm{P} = \mathrm{AQ}_1$, les expressions A et Q_1 étant respectivement d'ordres 1 et $m-1$ et de même nature que P.

Soient, en effet,

$$\mathrm{A} = \frac{dy}{dx} - ay,$$
$$\mathrm{Q}_1 = \frac{d^{m-1} y}{dx^{m-1}} + q_1 \frac{d^{m-2} y}{dx^{m-2}} + \ldots + q_{m-1} y,$$

où les coefficients a et q sont des constantes que je vais déterminer. Je forme AQ, et je l'identifie avec P. J'obtiens ainsi les équations

$$q_1 - a = p_1,$$
$$q_2 - aq_1 = p_2,$$
$$\ldots\ldots\ldots\ldots,$$
$$q_{m-1} - aq_{m-2} = p_{m-1},$$
$$-aq_{m-1} = p_m,$$

qui donnent toujours des valeurs constantes pour $q_1, q_2, \ldots, q_{m-1}, a$, car on a

$$q_1 = a + p_1, \quad q_2 = a^2 + p_1 a + p_2, \quad \ldots, \quad q_{m-1} = a^{m-1} + p_1 a^{m-2} + \ldots + p_{m-1},$$

et a est racine de l'équation

$$a^m + p_1 a^{m-1} + p_2 a^{m-2} + \ldots + p_{m-1} a + p_m = 0.$$

Remarquons que cette équation n'est autre que

$$e^{-ax} \mathrm{P}(e^{ax}) = 0.$$

2° L'expression différentielle P peut se mettre sous la forme composée

$$\mathrm{P} = \mathrm{ABC} \ldots \mathrm{HKL},$$

les m expressions A, B, $\ldots$, K, L étant du premier ordre et de même nature que P.

En effet, je mets P sous la forme $\mathrm{P} = \mathrm{AQ}_1$, puis Q_1 sous la forme $\mathrm{Q}_1 = \mathrm{BQ}_2$, et ainsi de suite. Finalement, j'obtiens $\mathrm{Q}_{m-1} = \mathrm{KQ}_m$, Q_m étant du premier ordre. J'aurai donc, en posant $\mathrm{Q}_m = \mathrm{L}$,

$$\mathrm{P} = \mathrm{ABC} \ldots \mathrm{HKL}.$$

QUATRIÈME PARTIE.

45. Revenons maintenant à la recherche des intégrales régulières, et appliquons les considérations précédentes. Nous envisagerons toujours l'équation

$$P(y) = \frac{d^m y}{dx^m} + p_1 \frac{d^{m-1}y}{dx^{m-1}} + \ldots + p_m y = 0,$$

où les coefficients p ne contiennent tous qu'un nombre limité de puissances négatives de x.

J'observe d'abord que, si l'équation $P = 0$ admet une intégrale régulière, cette équation est réductible.

En effet, si $P = 0$ a une intégrale régulière, elle a aussi (n° **17**) une intégrale de la forme $x^\rho \psi(x)$, où $\psi(x)$ est une fonction holomorphe dans le domaine du point zéro, et non nulle pour $x = 0$. Or, cette dernière solution satisfait à l'équation du premier ordre

$$x\psi(x)\frac{dy}{dx} - [\rho\psi(x) + x\psi'(x)]y = 0,$$

où le coefficient p_1 de y est nécessairement de la forme $\dfrac{P_1(x)}{x}$ (n° **22**) ; ce qui d'ailleurs est visible :

$$\frac{P_1(x)}{x} = -\frac{\rho}{x} - \frac{\psi'(x)}{\psi(x)}.$$

Donc l'équation $P = 0$ est réductible.

Ainsi, *quand l'équation* $P = 0$ *admet une intégrale régulière, elle admet les intégrales d'une équation différentielle du premier ordre ayant ses intégrales régulières.*

46. Remarquons ensuite que, si dans l'expression P on fait la substitution

$$y = F = x^r[\varphi_0 + \varphi_1 \log x + \ldots + \varphi_\eta (\log x)^\eta],$$

où les φ ne contiennent qu'un nombre limité de puissances de x^{-1}, on obtient pour PF une expression de même nature

$$PF = x^r[\chi_0 + \chi_1 \log x + \ldots + \chi^\zeta (\log x)^\zeta],$$

les χ ayant le même caractère que les φ. Cela résulte immédiatement de ce que $\dfrac{dF}{dx}$ est de même forme que F.

On peut en conclure que, si dans l'équation différentielle linéaire non homogène

$$B = u$$

u est de la forme

$$u = x^s[u_0 + u_1 \log x + \ldots + u_\sigma (\log x)^\sigma],$$

les séries u_1, u_2, ..., u_σ contenant toutes ou en partie un nombre illimité de puissances de x^{-1}, cette équation ne pourra avoir aucune intégrale telle que F. En effet, $PF - u$ serait identiquement nul. Or (n° **11**), si la différence $s - r$ n'est ni nulle ni entière, on en déduirait que tous les coefficients χ et u sont nuls identiquement, et, si la différence $s - r$ est nulle ou entière, on en déduirait

$$\zeta = \sigma, \quad \chi_0 = u_0 x^{s-r}, \quad \chi_1 = u_1 x^{s-r}, \quad \ldots,$$

ce qui est impossible, puisque tous les χ ne contiendraient pas un nombre limité de puissances de x^{-1}.

47. Une intégrale y_1 de l'équation différentielle AB $= 0$ satisfait à l'équation B $= 0$, ou bien, si B(y_1) n'est pas nul, B(y_1) satisfait à l'équation A $= 0$.

Or, soient w_1, w_2, ..., w_k les intégrales régulières linéairement indépendantes de B $= 0$, et w_1, w_2, ..., w_k, y_1, y_2, ..., y_s celles de AB $= 0$.

B(y_1), B(y_2), ..., B(y_s) sont alors des intégrales de A $= 0$, et même des intégrales régulières, d'après le n° **46** ; de plus, elles sont linéairement indépendantes, car, si l'on avait

$$C_1 B(y_1) + C_2 B(y_2) + \ldots + C_s B(y_s) = 0,$$

les C étant des constantes, on en déduirait

$$B(C_1 y_1 + C_2 y_2 + \ldots + C_s y_s) = 0,$$

et par conséquent $C_1 y_1 + C_2 y_2 + \ldots + C_s y_s$ serait une intégrale et même une intégrale régulière de B $= 0$; il en résulterait (n° **17**) une égalité de la forme

$$C_1 y_1 + C_2 y_2 + \ldots + C_s y_s = C'_1 w_1 + \ldots + C'_k w_k,$$

les C' étant constants ; or cette égalité est impossible, puisque, par hypothèse, w_1, w_2, ..., w_k, y_1, y_2, ..., y_s sont linéairement indépendants. Par conséquent, si l'on considère toutes les intégrales régulières linéairement indépendantes de AB $= 0$, on voit que les unes sont toutes les intégrales régulières linéairement indépendantes de B $= 0$, tandis que les autres correspondent à un nombre égal d'intégrales régulières linéairement indépendantes de A $= 0$.

D'où cette proposition :

L'équation différentielle AB $= 0$ *a au moins autant d'intégrales régulières linéairement indépendantes que* B $= 0$, *et au plus autant que* A $= 0$ *et* B $= 0$ *ensemble.*

Les deux limites du nombre des intégrales régulières de AB $= 0$ coïncident si A $= 0$ n'a aucune intégrale régulière. Donc :

Si l'équation différentielle A $= 0$ *n'a aucune intégrale régulière, les intégrales régulières de* AB $= 0$ *sont les intégrales régulières de* B $= 0$.

J'énoncerai encore ce théorème :

Une équation différentielle composée de plusieurs équations différentielles a au plus autant d'intégrales régulières linéairement indépendantes qu'en ont ensemble les équations composantes.

D'où il résulte immédiatement que :

Une équation différentielle composée de plusieurs équations différentielles dénuées toutes d'intégrales régulières, n'a elle-même aucune intégrale régulière.

48. Considérons l'équation différentielle P $= 0$, d'ordre m. Si elle a une intégrale régulière, elle aura (n° **45**) une intégrale régulière commune avec une équation $B_1 = 0$ du premier ordre, et, par conséquent, elle admettra toutes les intégrales de $B_1 = 0$. Donc (n° **39**) P se mettra sous la forme composée

$$P = Q_1 B_1,$$

où Q_1 est d'ordre $m - 1$. De même, si $Q_1 = 0$ a une intégrale régulière, Q_1 se mettra sous la forme

$$Q_1 = Q_2 B_2,$$

où $B_2 = 0$ est une équation du premier ordre ayant une intégrale régulière et où Q_2 est d'ordre $m - 2$. En continuant de la même manière, on mettra P sous la forme

$$P = QD,$$

où l'on a

$$D = B_\beta B_{\beta-1} \dots B_2 B_1,$$

les B égalés à zéro donnant des équations du premier ordre ayant chacune une intégrale régulière, et Q = 0 étant une équation différentielle d'ordre $m - \beta$ n'admettant aucune intégrale régulière.

Remarquons que, si P a la forme normale, on pourra supposer qu'il en est de même de Q, B_β, $B_{\beta-1}$, ..., B_1.

Cela posé, il résulte du n° **47** que les intégrales régulières de P = 0 sont les intégrales régulières de D = 0. Si donc on suppose que P = 0 ait toutes ses intégrales régulières, D = 0, qui est d'ordre $\beta \leqq m$, devant avoir m intégrales linéairement indépendantes, sera nécessairement d'ordre $\beta = m$; par suite, Q est d'ordre zéro, et l'on a

$$P = D.$$

D'où ce théorème :

Si l'équation différentielle P = 0 *a toutes ses intégrales régulières, on peut la composer uniquement d'équations du premier ordre ayant chacune une intégrale régulière.*

49. Réciproquement :

Si l'équation différentielle P = 0 *est composée uniquement d'équations du premier ordre ayant chacune une intégrale régulière, elle aura toutes ses intégrales régulières.*

Supposons d'abord deux équations composantes

$$P = B_2, \quad B_1 = 0.$$

Soient y_1 une intégrale régulière de $B_1 = 0$ et z_2 une de $B_2 = 0$. y_1 vérifie P = 0. Une solution y_2 de $B_1 = z_2$ vérifiera aussi P = 0. Or on a

$$y_2 = y_1 \int \frac{z_2}{b_1 y_1} \, dx,$$

b_1 étant le coefficient de $\dfrac{dy}{dx}$ dans B_1. Donc, comme le montre cette forme, y_2 est aussi une intégrale régulière de P = 0. D'ailleurs, y_1 et y_2 sont linéairement indépendants, car, si l'on avait identiquement

$$C_1 y_1 + C_2 y_1 \int \frac{z_1}{b_1 y_1} \, dx = 0,$$

en divisant par y_1, puis dérivant, on déduirait $C_2 = 0$, et, par suite, $C_1 = 0$.

Supposons ensuite trois équations composantes

$$P = B_3 B_2 B_1 = 0.$$

Soient y_1 une intégrale régulière de $B_1 = 0$, z_2 une intégrale régulière de $B_2 = 0$ et z_3 une de $B_3 = 0$. Soient y_1 et y_2 les deux intégrales régulières linéairement indépendantes de $B_2 B_1 = 0$, trouvées précédemment ; on a

$$y_2 = y_1 \int \frac{z_2}{b_1 y_1} \, dx;$$

y_1 et y_2 vérifient P = 0. Une solution y_3 de l'équation $B_2 B_1 = z_3$ vérifiera aussi P = 0. Or, on connaît deux intégrales y_1 et y_2 de l'équation privée du second membre z_3, de sorte qu'on a y_3 par une équation du premier ordre qui donne

$$y_3 = y_1 \int \frac{z_2}{b_1 y_1} \, dx \int \frac{z_3}{b_2 z_2} \, dx,$$

b_2 étant le coefficient de $\dfrac{dy}{dx}$ dans B_2 ; d'où l'on voit que y_3 a la forme régulière. D'ailleurs, les trois intégrales y_1, y_2, y_3 de $P = 0$ sont linéairement indépendantes, car, si l'on avait une relation identique de la forme

$$C_1 y_1 + C_2 y_1 \int \frac{z_2}{b_1 y_1} \, dx + C_3 y_1 \int \frac{z_2}{b_1 y_1} \, dx \int \frac{z_3}{b_2 z_2} \, dx = 0,$$

en divisant par y_1, dérivant ensuite, puis divisant par $\dfrac{z_2}{b_1 y_1}$ et dérivant, on en déduirait $C_3 = 0$, et par suite, en remontant, $C_2 = 0$, $C_1 = 0$.

On passerait de même au cas de quatre équations composantes, et, en continuant ainsi, on prouvera que l'équation $P = 0$, d'ordre m, a m intégrales régulières linéairement indépendantes. Donc elle les a toutes.

50. Nous avons vu que, si l'équation $P = 0$ a une intégrale régulière, on peut mettre P sous la forme composée

$$P = QD,$$

où $Q = 0$ n'a aucune intégrale régulière et où $D = 0$ est composée uniquement d'équations du premier ordre ayant chacune une intégrale régulière. Il résulte alors du n° **49** que $D = 0$ a toutes ses intégrales régulières, et du n° **47** que $P = 0$ les admet toutes sans en admettre d'autres.

On peut donc énoncer les théorèmes suivants :

Si l'équation différentielle $P = 0$ *a des intégrales régulières, il existe une équation différentielle* $D = 0$ *dont les intégrales sont toutes les intégrales régulières de la première.*

Si $D = 0$ *est l'équation différentielle qui donne les intégrales régulières de l'équation* $P = 0$, *et si l'on met* P *sous la forme composée*

$$P = QD,$$

l'équation $Q = 0$ *n'aura aucune intégrale régulière.*

51. On peut facilement généraliser la proposition du n° **49**.

Soient, en effet, $A = 0$, $B = 0$ deux équations différentielles ayant toutes leurs intégrales régulières : d'après le n° **48**, on peut les composer uniquement d'équations du premier ordre admettant chacune une intégrale régulière. L'équation $AB = 0$ sera alors composée de la même façon. Donc (n° **49**) toutes ses intégrales seront régulières. D'où cette généralisation :

Si l'équation différentielle $P = 0$ *est composée uniquement d'équations ayant chacune toutes leurs intégrales régulières, elle aura elle-même toutes ses intégrales régulières.*

52. Il résulte du n° **50** que l'on peut mettre une expression différentielle A sous la forme composée

$$A = QD,$$

où $D = 0$ n'a que des intégrales régulières et $Q = 0$ aucune. Supposons que $B = 0$ n'ait que des intégrales régulières. On a

$$AB = Q(DB).$$

Or, d'après un théorème du n° **47**, les intégrales régulières de AB = 0 sont les intégrales régulières de DB = 0. Mais (n° **51**) DB = 0 n'a que des intégrales régulières. Donc le nombre des intégrales régulières linéairement indépendantes de AB = 0 est la somme des ordres de B et de D, ou, ce qui est la même chose, la somme des nombres d'intégrales régulières linéairement indépendantes de B et de A. D'où cette proposition :

Si l'équation B = 0 *n'a que des intégrales régulières, l'équation* AB = 0 *aura exactement autant d'intégrales régulières linéairement indépendantes qu'en ont ensemble* A = 0 *et* B = 0.

On en tire cette conséquence :

Si B = 0 *n'a que des intégrales régulières et* AB = 0 *en a* s *linéairement indépendantes,* A = 0 *en aura* $s - \beta$, β *étant l'ordre de l'expression* B.

53. Je vais à présent montrer comment les propositions précédentes permettent de rattacher les intégrales régulières de l'équation différentielle P = 0 à son équation déterminante. Et, d'abord, je ferai une remarque importante sur l'équation différentielle du premier ordre.

Soit l'équation du premier ordre

$$ux\frac{dy}{dx} + wy = 0,$$

que j'ai mise sous sa forme normale, où, par conséquent, u et w ne contiennent que des puissances positives de x et ne sont pas tous deux nuls pour $x = 0$. L'intégrale générale est

$$y = e^{-\int \frac{w\,dx}{ux}}.$$

On a déjà vu au n° **22** que, si u n'est pas nul pour $x = 0$, y est une intégrale régulière de la forme $x^\rho \psi(x)$, tandis que, si u pour $x = 0$ est un zéro d'ordre n, auquel cas w n'est pas nul pour $x = 0$, on a

$$y = e^{\frac{C_1}{x} + \frac{C_2}{x^2} + \cdots + \frac{C_n}{x^n}} x^\rho \psi(x),$$

qui n'est pas une intégrale régulière. $\psi(x)$ ne contient que des puissances positives de x, et $\psi(0)$ n'est pas nul.

Soient u_0 et w_0 les valeurs de u et w pour $x = 0$. La fonction caractéristique de l'équation considérée est

$$x^\rho (u\rho + w),$$

et sa fonction déterminante est

$$u_0 \rho + w_0.$$

Donc, dans le premier cas $u_0 \gtrless 0$, où l'équation a ses intégrales régulières, la fonction déterminante est une fonction entière de ρ du premier degré, et, dans le second cas $u_0 = 0$, où l'équation n'a aucune intégrale régulière, la fonction déterminante est une constante. D'où la réciproque.

54. Les propositions établies aux n°ˢ **22** et **26**, en partant d'équations différentielles dont tous les coefficients n'étaient pas infinis d'ordres finis pour $x = 0$, peuvent se retrouver immédiatement à l'égard de l'équation P = 0, où tous les coefficients présentent le caractère des fonctions rationnelles.

1° *Si l'équation différentielle* P = 0 *a toutes ses intégrales régulières, le degré de son équation déterminante est égal à son ordre.*

En effet, l'équation P = 0, d'ordre m, ayant toutes ses intégrales régulières, on peut (n° **48**) la composer de m équations du premier ordre ayant chacune une intégrale régulière. Les $m + 1$ expressions peuvent d'ailleurs être supposées mises sous forme normale (n° **48**). Or, d'après le n° **53**, la fonction déterminante de chacune est du premier degré. Donc la fonction déterminante de P, qui est le produit (n° **36**) de ces m fonctions du premier degré, sera de degré m.

Comme on sait, M. Fuchs a démontré que réciproquement :

Si l'équation déterminante est du degré m, l'équation différentielle P = 0 a m intégrales régulières linéairement indépendantes, et par suite toutes.

2° *Le nombre des intégrales régulières linéairement indépendantes de l'équation différentielle P = 0 est au plus égal au degré de son équation déterminante.*

En effet, l'équation P = 0, ayant s intégrales régulières linéairement indépendantes, peut se mettre (n° **50**) sous la forme composée

$$P = QD,$$

où Q = 0 n'a aucune intégrale régulière et où D = 0 est d'ordre s et a toutes ses intégrales régulières ; P, Q et D peuvent, du reste, être supposées de forme normale. La fonction déterminante de D est donc de degré s d'après le théorème précédent. Mais la fonction déterminante de P est (n° **36**) le produit des fonctions déterminantes de Q et de D ; donc elle est au moins de degré s, et, par conséquent, s est au plus égal au degré de l'équation déterminante de P = 0.

55. Lorsque nous avons rencontré ce dernier théorème pour la première fois, nous avons vu que, dans un grand nombre de cas, il y a égalité, c'est-à-dire que le nombre des intégrales régulières linéairement indépendantes est égal au degré γ de l'équation déterminante. Si $\gamma = m$, par exemple, il y a toujours égalité et les m intégrales régulières appartiennent à des exposants qui sont les racines de l'équation déterminante (n° **23**). Mais, lorsque γ est plus petit que m, il peut y avoir exception et l'on a $s \leqq \gamma$, s étant le nombre des intégrales régulières linéairement indépendantes. Il s'agit d'approfondir ce cas, $\gamma < m$, et de trouver la condition nécessaire et suffisante que doit remplir l'équation P = 0 pour avoir exactement γ intégrales régulières linéairement indépendantes.

Je vais d'abord démontrer une importante propriété des s intégrales régulières qui existent effectivement, puis je retrouverai leurs expressions de la forme du n° **9**, et, enfin, j'établirai la condition qui doit être imposée à P = 0 pour que l'on ait $s = \gamma$.

J'admettrai les deux principes suivants :

1° En disposant convenablement de la constante introduite par l'intégration, on peut faire que l'expression

$$\int \mathrm{F} dx,$$

où F est de la nature indiquée au n° **14** et appartient à l'exposant ρ, soit une fonction de même nature que F appartenant à l'exposant $\rho + 1$.

2° Si l'équation différentielle P = 0, ayant toutes ses intégrales régulières, est composée uniquement d'équations ayant chacune toutes leurs intégrales régulières, et si P ainsi que toutes les expressions composantes sont supposés de forme normale, les intégrales régulières linéairement indépendantes des équations composantes appartiendront aux mêmes exposants que celles de l'équation P = 0, c'est-à-dire aux racines de l'équation déterminante de P = 0.

La démonstration très-simple du premier principe a été donnée par M. Fuchs. Quant à celle du second, elle résulte immédiatement de ce que la fonction déterminante de P est le produit des fonctions déterminantes des équations composantes.

56. *Si l'équation différentielle* $P = 0$ *a* s *intégrales régulières linéairement indépendantes, elles appartiennent à des exposants qui sont* s *des racines de son équation déterminante.*

En effet, mettons P sous la forme composée

$$P = QD,$$

où $D = 0$ est d'ordre s et a toutes ses intégrales régulières, et où $Q = 0$ n'a aucune intégrale régulière. Les intégrales régulières de $P = 0$ sont alors les intégrales de $D = 0$. Or, les s intégrales régulières de $D = 0$ appartiennent à des exposants qui sont les racines de son équation déterminante. D'autre part, P, Q et D étant supposées sous forme normale, en multipliant cette fonction déterminante par celle de Q, on obtient celle de P. Donc les exposants auxquels appartiennent les s intégrales régulières linéairement indépendantes de $D = 0$, c'est-à-dire de $P = 0$, sont s des racines de l'équation déterminante de $P = 0$.

Ainsi se trouve généralisée la propriété établie par M. Fuchs dans le cas où γ est égal à m.

57. Sachant que les s intégrales régulières linéairement indépendantes y_1, y_2, ..., y_s de $P = 0$ appartiennent respectivement aux racines ρ_1, ρ_2, ..., ρ_s de l'équation déterminante, proposons-nous de retrouver, sous la forme du n° **9**, l'expression de l'intégrale y_k, qui appartient à l'exposant donné ρ_k.

J'observe d'abord que, y_1, y_2, ..., y_s étant les intégrales de $D = 0$ et leurs exposants ρ_1, ρ_2, ..., ρ_s étant les racines de l'équation déterminante de D, il suffit d'opérer sur l'équation $D = 0$, qui a toutes ses intégrales régulières.

$D = 0$ ayant toutes ses intégrales régulières, je mets (n° **48**) D sous la forme composée

$$D = B_s B_{s-1} \ldots B_3 B_2 B_1,$$

où les équations composantes sont du premier ordre, leurs premiers membres étant supposés de forme normale, et ont chacune une intégrale régulière.

Soit, en général, z_j une intégrale régulière de $B_j = 0$. On sait, d'après le second principe du n° **55**, que z_j appartient à l'un des exposants ρ_1, ρ_2, ..., ρ_s.

Je dis que, ρ_1, ρ_2, ..., ρ_s étant un mode de succession arbitrairement choisi pour les quantités ρ, on peut opérer la décomposition de D suivant un ordre tel que z_j, intégrale de $B_j = 0$, appartienne à l'exposant ρ_j.

En effet, il y a une intégrale régulière de $D = 0$ qui appartient à l'exposant ρ_1, et l'on peut alors écrire $D = Q_1 B_1$, où $B_1 = 0$ est du premier ordre et admet cette intégrale, et où $Q_1 = 0$ est d'ordre $s - 1$ et a toutes (n° **52**) ses intégrales régulières. Parmi les $s-1$ intégrales régulières de $Q_1 = 0$, il y en a une qui appartient à l'exposant ρ_2, et l'on peut alors écrire $Q_1 = Q_2 B_2$, où $B_2 = 0$ est du premier ordre et admet cette intégrale, et où $Q_2 = 0$ est d'ordre $s - 2$ et a toutes ses intégrales régulières. Et ainsi de suite. On obtiendra finalement

$$D = B_s B_{s-1} \ldots B_2 B_1,$$

où les intégrales z_1, z_2, ..., z_s appartiennent respectivement aux exposants ρ_1, ρ_2, ..., ρ_s.

Remarquons qu'on a alors $y_1 = z_1$.

Cela posé, cherchons les expressions des intégrales y_1, y_2, ..., y_s qui appartiennent respectivement aux exposants ρ_1, ρ_2, ..., ρ_s.

1° Supposons que parmi les s racines ρ il n'y en a pas deux dont la différence est nulle ou entière.

Dans ce cas, nous regarderons comme quelconque l'ordre de succession ρ_1, ρ_2, ..., ρ_s des exposants auxquels appartiennent respectivement les intégrales z_1, z_2, ..., z_s des équations successives $B_1 = 0$, $B_2 = 0$, ..., $B_s = 0$.

Nous poserons en général

$$z_j = x^{\rho_j}\psi_j(x), \quad j = 1,\ 2,\ 3,\ \ldots,\ s,$$

$\psi_j(x)$ ne contenant que des puissances positives de x et n'étant pas nul pour $x = 0$.

L'intégrale régulière $z_1 = x^{\rho_1}\psi_1(x)$, appartenant à l'exposant ρ_1 et vérifiant $D = 0$, représente y_1 :

$$y_1 = x^{\rho_1}\psi_1(x).$$

Une solution de $B_1 = z_2$ est de la forme

$$y_1 \int \frac{z_2}{b_1 x y_1}\, dx \quad \text{ou} \quad x^{\rho_1}\psi_1(x) \int x^{\rho_2 - \rho_1 - 1}\frac{\psi_2(x)}{b_1\psi_1(x)}\, dx,$$

$b_1 x$ étant le coefficient de $\dfrac{dy}{dx}$ dans la forme normale B_1. Or, b_1 n'étant pas nul (n° **53**) pour $x = 0$, $\dfrac{\psi_2(x)}{b_1\psi_1(x)}$ ne contient que des puissances positives de x et n'est pas nul pour $x = 0$. Cette solution est donc bien de la forme régulière et appartient à l'exposant $\rho_1 + (\rho_2 - \rho_1)$, c'est-à-dire ρ_2. Comme elle vérifie $D = 0$, elle représente y_2 :

$$y_2 = x^{\rho_2}\varphi_2(x).$$

$\rho_2 - \rho_1$ n'étant ni nul ni entier, par hypothèse, y_2 ne contiendra pas de logarithmes.

Une solution de $B_2 B_1 = z_3$ est de la forme

$$y_1 \int \frac{z_2}{b_1 x y_1}\, dx \int \frac{z_3}{b_2 x z_2}\, dx,$$

ou

$$x^{\rho_1}\psi_1(x) \int x^{\rho_2 - \rho_1 - 1}\frac{\psi_2(x)}{b_1\psi_1(x)}\, dx \int x^{\rho_3 - \rho_2 - 1}\frac{\psi_3(x)}{b_2\psi_2(x)}\, dx,$$

$b_2 x$ étant le coefficient de $\dfrac{dy}{dx}$ dans la forme normale B_2. La quantité b_2 n'étant pas nulle pour $x = 0$, cette solution est bien de la forme régulière et appartient à l'exposant

$$\rho_1 + (\rho_2 - \rho_1) + (\rho_3 - \rho_2) = \rho_3.$$

Comme elle vérifie $D = 0$, elle représente y_3 :

$$y_3 = x^{\rho_3}\varphi_3(x).$$

$\rho_3 - \rho_2$ n'étant ni nul ni entier, y_3 ne contient pas de logarithmes.

En continuant de la même manière, on obtiendra successivement les s intégrales régulières linéairement indépendantes de $P = 0$, sous la forme

$$y_1 = x^{\rho_1}\varphi_1(x), \quad y_2 = x^{\rho_2}\varphi_2(x), \quad \ldots, \quad y_s = x^{\rho_s}\varphi_s(x),$$

où les φ présentent le caractère des fonctions holomorphes et ne s'évanouissent pas pour $x = 0$.

$2°$ Supposons qu'il se trouve entre les racines ρ_1, ρ_2, ..., ρ_s des différences nulles ou entières.

Dans ce cas, nous partagerons les racines ρ_1, ρ_2, ..., ρ_s en groupes tels que chacun d'eux ne contienne que des racines dont les différences mutuelles soient ou nulles ou entières et comprenne toutes ces racines. Certains groupes pourront ne renfermer qu'une seule racine. Dès lors il est facile d'obtenir le groupe d'intégrales régulières correspondant à un groupe donné de racines.

Soient ρ_1, ρ_2, ..., ρ_k, les racines d'un groupe, rangées dans un ordre quelconque. On peut alors supposer, comme on l'a vu, que les intégrales régulières z_1, z_2, ..., z_k des équations successives $B_1 = 0$, $B_2 = 0$, ..., $B_k = 0$ appartiennent respectivement aux exposants ρ_1, ρ_2, ..., ρ_k.

Cela étant, on déterminera y_1, y_2, ..., y_k en suivant la marche expliquée dans le cas précédent. On aura

$$y_1 = x^{\rho_1}\psi_1(x), \quad y_2 = x^{\rho_1}\psi_1(x)\int x^{\rho_2-\rho_1-1}\frac{\psi_2(x)}{b_1\psi_1(x)}\,dx, \quad \dots .$$

y_1 ne renferme pas de logarithmes ; mais les différences $\rho_2-\rho_1, \rho_3-\rho_2, \dots$, étant entières ou nulles, y_2, y_3, ... contiendront généralement des logarithmes ; y_2 en renfermera certainement si $\rho_2 - \rho_1$ est nul, car la différentielle sous le signe $\int$ dans y_2 est

$$\left[\frac{C_0}{x} + \varphi_0(x)\right]dx,$$

C_0 étant différent de zéro et $\varphi_0(x)$ holomorphe dans le domaine du point zéro ; l'intégration donne

$$C_0\log x + \varphi(x),$$

et, par suite, on a

$$y_2 = x^{\rho_2}\left[\chi_0(x) + \chi_1(x)\log x\right].$$

Il peut arriver cependant que tous les logarithmes disparaissent.

On aura donc ainsi le groupe d'intégrales régulières appartenant aux exposants donnés, tel que la différence des exposants de deux intégrales de ce groupe soit nulle ou entière.

$3°$ Remarquons encore que, si l'on pose

$$z_1 = u_1, \quad \frac{z_2}{b_1xy_1} = u_2, \quad \frac{z_3}{b_2xz_2} = u_3, \quad \dots, \quad \frac{z_s}{b_{s-1}xz_{s-1}} = u_s,$$

on aura

$$y_1 = u_1, \; y_2 = u_1\!\int u_2dx, \; y_3 = u_1\!\int u_2dx\!\int u_3dx, \; \dots, \; y_s = u_1\!\int u_2dx\!\int u_3dx\ldots\!\int u_sdx,$$

où l'on a

$$u_k = x^{\rho_k-\rho_{k-1}-1}\varphi_k(x),$$

$\varphi_k(x)$ étant holomorphe dans le domaine du point zéro et non nul pour $x = 0$, u_k appartenant par conséquent à l'exposant $\rho_k - \rho_{k-1} - 1$. Ces résultats sont d'accord avec les n^{os} **18** et **33**.

58. Je vais enfin trouver la condition précise que doit remplir l'équation différentielle P = 0, pour avoir un nombre d'intégrales régulières linéairement indépendantes exactement égal au degré de sa fonction déterminante. Dans les deux démonstrations suivantes, P, Q et D seront supposés sous la forme normale.

Si le nombre des intégrales régulières linéairement indépendantes de l'équation différentielle P = 0, d'ordre m, est égal au degré γ de sa fonction déterminante, P pourra se mettre sous la forme composée P = QD, où Q sera d'ordre $m - \gamma$ et aura pour fonction déterminante une constante.

En effet, P = 0, ayant γ intégrales régulières linéairement indépendantes, peut (n° **50**) se mettre sous la forme P = QD, où Q est d'ordre $m - \gamma$ et n'a aucune intégrale régulière, où D est d'ordre γ et a toutes ses intégrales régulières. Donc (n° **36**) la fonction déterminante de P est égale au produit des fonctions déterminantes de Q et de D. Or celle de D est de degré γ, puisque D = 0 a toutes ses intégrales régulières, celle de P aussi ; donc il faut bien que la fonction déterminante de Q soit une constante.

Réciproquement :

Si l'expression différentielle P d'ordre m, ayant une fonction déterminante de degré γ, peut se mettre sous la forme composée P = QD, où Q est d'ordre $m - \gamma$ et a pour fonction déterminante une constante, l'équation différentielle P = 0 aura exactement γ intégrales régulières linéairement indépendantes.

En effet, P étant d'ordre m et Q d'ordre $m - \gamma$, D sera d'ordre γ. Or, à cause du théorème du n° **36**, la fonction déterminante de Q étant du degré zéro, celle de D est du degré γ. Donc D = 0 a toutes ses intégrales régulières, puisque son ordre est égal au degré de sa fonction déterminante. Mais l'équation Q = 0, ayant pour fonction déterminante une constante, ne peut admettre (n° **54**) aucune intégrale régulière. Donc, d'après le n° **48**, l'équation P = QD = 0 aura pour intégrales régulières les intégrales de D = 0, c'est-à-dire qu'elle aura exactement γ intégrales régulières linéairement indépendantes.

Les deux propositions qui précèdent donnent donc le critérium qui permettra de décider si P = 0 a γ intégrales régulières :

Pour que l'équation différentielle P = 0, *d'ordre m, ayant une fonction déterminante de degré γ, admette γ intégrales régulières linéairement indépendantes, il faut et il suffit que l'expression* P *soit de la forme* P = QD, Q *étant d'ordre $m - \gamma$ et ayant pour fonction déterminante une constante.*

Les Chapitres qui vont suivre nous permettront de transformer cette condition, en considérant l'équation au multiplicateur intégrant de P = 0. Comme nous allons le voir, il existe une connexion remarquable entre une équation linéaire homogène et celle que vérifient ses facteurs intégrants.

CINQUIÈME PARTIE.

59. Soit l'équation différentielle linéaire homogène

$$P(y) = \frac{d^m y}{dx^m} + p_1 \frac{d^{m-1} y}{dx^{m-1}} + \ldots + p_m y = 0,$$

où les coefficients p sont des fonctions de x holomorphes dans une partie du plan à contour simple, sauf pour certains points singuliers isolés les uns des autres.

Considérons m intégrales linéairement indépendantes de la forme

$$y_1 = v_1, \; y_2 = v_1 \textstyle\int v_2 \, dx, \; y_3 = v_1 \int v_2 \, dx \int v_3 \, dx, \; \ldots, \; y_m = v_1 \int v_2 \, dx \int v_3 \, dx \ldots \int v_m \, dx.$$

Je vais d'abord mettre P sous une forme composée déterminée.

Dans ce but, je construis les équations différentielles du premier ordre

$$A_1 = 0, \quad A_2 = 0, \quad \ldots, \quad A_j = 0, \quad \ldots, \quad A_m = 0,$$

de la forme

$$A_j = \frac{dy}{dx} - K_j y = 0,$$

admettant respectivement comme solutions

$$v_1, \quad v_1 v_2 \ldots v_j, \quad \ldots, \quad v_1 v_2 \ldots v_j, \quad \ldots, \quad v_1 v_2 \ldots v_m.$$

La valeur de K_j, par exemple, sera

$$K_j = (v_1 v_2 \ldots v_j)^{-1} \frac{d(v_1 v_2 \ldots v_j)}{dx}.$$

Je dis que l'expression composée

$$A_m A_{m-1} \ldots A_3 A_2 A_1$$

est identique à P.

En effet, cette expression est annulée par les intégrales générales des équations

$$A_1 = 0, \; A_1 = v_1 v_2, \; A_2 A_1 = v_1 v_2 v_3, \; \ldots, \; A_{m-1} A_{m-2} \ldots A_2 A_1 = v_1 v_2 v_3 \ldots v_m.$$

Or, l'intégration directe de ces équations montre qu'elles admettent des solutions coïncidant précisément avec y_1, y_2, ..., y_m ; car, $A_1 = 0$ étant satisfaite pour $y = v_1$, $A_1 = v_1 v_2$ est satisfaite pour $y = v_1 \int v_2 \, dx$, $A_2 A_1 = v_1 v_2 v_3$ pour $y = v_1 \int v_2 \, dx \int v_3 \, dx$, ... Donc les deux équations

$$A_m A_{m-1}, \ldots A_2 A_1 = 0 \quad \text{et} \quad P = 0,$$

d'ordre m, ont un système fondamental d'intégrales commun, et, par conséquent, comme dans les deux premiers membres le coefficient de $\dfrac{d^m y}{dx^m}$ est 1, ces deux premiers membres sont identiques ; sinon, leur différence, qui serait au plus d'ordre $m - 1$, serait annulée par m fonctions linéairement indépendantes, ce qui est impossible. On a donc l'identité

$$P = A_m A_{m-1} \ldots A_2 A_1.$$

L'expression P étant ainsi décomposée, j'observe, d'après le raisonnement précédent, d'une part, que l'équation d'ordre $m - 1$

$$A(y) = A_{m-1} A_{m-2} \ldots A_2 A_1 = 0$$

admet les $m - 1$ intégrales linéairement indépendantes y_1, y_2, ..., y_{m-1}, et que par suite son intégrale générale est

$$C_1 y_1 + C_2 y_2 + \ldots + C_{m-1} y_{m-1},$$

d'autre part, que l'équation

$$A(y) = v_1 v_2 \ldots v_m$$

admet la solution particulière y_m, et que par suite l'équation

$$A(y) = C_m v_1 v_2 \ldots v_m,$$

où C_m est une constante arbitraire, admet la solution particulière $C_m y_m$. D'où je conclus que l'intégrale générale de cette dernière équation d'ordre $m - 1$ est

$$C_1 y_1 + C_2 y_2 + \ldots + C_m y_m,$$

c'est-à-dire la même que celle de l'équation $P = 0$ d'ordre m. Il en résulte que l'équation

$$A(y) = C_m v_1 v_2 \ldots v_m$$

est une intégrale première de l'équation différentielle $P = 0$.

Si donc j'élimine la constante C_m de cette intégrale première, en l'écrivant

$$(v_1 v_2 \ldots v_m)^{-1} A(y) = C_m,$$

puis dérivant, ce qui donne

$$\frac{d}{dx}[(v_1 v_2 \ldots v_m)^{-1} A(y)] = 0,$$

si ensuite, dans l'équation obtenue, je ramène à l'unité le coefficient de $\dfrac{d^m y}{dx^m}$ en multipliant par $v_1 v_2 \ldots v_m$, j'arriverai à une équation différentielle

$$v_1 v_2 \ldots v_m \frac{d}{dx}[(v_1 v_2 \ldots v_m)^{-1} A(y)] = 0$$

qui aura son premier membre identique avec P.

Écrivons cette identité ; si je pose

$$(v_1 v_2 \ldots v_m)^{-1} = M,$$

elle s'écrira

$$MP(y) = \frac{d}{dx}[MA(y)].$$

Or, elle exprime que $P(y)$, multiplié par M, est une dérivée exacte. C'est la définition même d'un multiplicateur intégrant. Donc, toute expression de la forme $(v_1 v_2 \ldots v_m)^{-1}$ est un facteur intégrant.

Cherchons une équation qui fasse connaître M directement en fonction des données. Je pars de l'identité

$$MP(y) = \frac{d}{dx}[MA(y)].$$

A, qui représente l'expression $A_{m-1} A_{m-2} \ldots A_2 A_1$, est de la forme

$$A(y) = \frac{d^{m-1} y}{dx^{m-1}} + l_1 \frac{d^{m-2} y}{dx^{m-2}} + \ldots + l_{m-1} y.$$

Égalons les coefficients des mêmes dérivées dans les deux membres :

$$\frac{dM}{dx} + M l_1 = p_1 M, \quad \frac{d(M l_1)}{dx} + M l_2 = p_2 M, \quad \frac{d(M l_2)}{dx} + M l_3 = p_3 M, \quad \ldots,$$

$$\frac{d(M l_{m-2})}{dx} + M l_{m-1} = p_{m-1} M, \quad \frac{d(M l_{m-1})}{dx} = p_m M.$$

Éliminant successivement $l_1, l_2, \ldots, l_{m-1}$ entre ces m égalités, nous obtenons l'équation différentielle

$$\frac{d^m M}{dx^m} - \frac{d^{m-1}(p_1 M)}{dx^{m-1}} + \frac{d^{m-2}(p_2 M)}{dx^{m-2}} + \ldots + (-1)^m p_m M = 0,$$

à laquelle satisfait le multiplicateur intégrant M.

Inversement, toute solution de cette équation est un facteur intégrant de la forme $(v_1 v_2 \ldots v_m)^{-1}$.

Soit en effet M une solution. Les $m-1$ premières égalités en l déterminent l_1, l_2, $\ldots$, l_{m-1}, et la dernière est satisfaite. L'expression A est donc déterminée et, en outre, on a

$$\mathrm{MP}(y) = \frac{d}{dx}[\mathrm{MA}(y)],$$

ce qui prouve que M est bien un facteur intégrant.

De plus,

$$\mathrm{MA}(y) = \mathrm{C}_m \quad \text{ou} \quad \mathrm{A}(y) = \mathrm{C}_m \mathrm{M}^{-1},$$

C_m étant une constante arbitraire, est une intégrale première de $\mathrm{P} = 0$. D'où il résulte en premier lieu que $m-1$ solutions $y_1, y_2, \ldots, y_{m-1}$ de $\mathrm{A} = 0$ sont aussi solutions de $\mathrm{P} = 0$, et en second lieu que, si ces $m-1$ solutions, supposées linéairement indépendantes, sont mises sous la forme

$$y_1 = v_1, \quad y_2 = v_1 \!\int v_2 \, dx, \quad \ldots, \quad y_{m-1} = v_1 \!\int v_2 \, dx \ldots \int v_{m-1} \, dx,$$

une solution y_m de $\mathrm{P} = 0$, qui constitue avec $y_1, y_2, \ldots, y_{m-1}$ un système fondamental, pourra s'écrire

$$y_m = \mathrm{C}_m v_1 \!\int v_2 \, dx \ldots \int v_m \, dx,$$

v_m satisfaisant à l'égalité

$$v_1 v_2 \ldots v_m = \mathrm{M}^{-1}.$$

Si, en effet, on fait la substitution

$$y = \mathrm{C}_m v_1 \!\int v_2 dx \ldots \int v_{m-1} dx \!\int v_m \, dx$$

dans l'équation

$$\mathrm{A}(y) = \mathrm{C}_m \mathrm{M}^{-1},$$

on obtient

$$\mathrm{C}_m v_1 v_2 \ldots v_{m-1} v_m = \mathrm{C}_m \mathrm{M}^{-1}.$$

et par suite

$$v_1 v_2 \ldots v_m = \mathrm{M}^{-1}.$$

J'en conclus donc

$$\mathrm{M} = (v_1 v_2 \ldots v_m)^{-1}.$$

L'équation aux multiplicateurs intégrants de la forme $(v_1, v_2, \ldots, v_m)^{-1}$ est donc

$$\frac{d^m M}{dx^m} - \frac{d^{m-1}(p_1 M)}{dx^{m-1}} + \ldots + (-1)^m p_m M = 0.$$

Remarquons que la première des m égalités en l,

$$\frac{d\mathrm{M}}{dx} + \mathrm{M} l_1 = p_1 \mathrm{M},$$

donne cette valeur de M

$$\mathrm{M} = e^{\int (p_1 - l_1) dx}.$$

60. Lagrange a trouvé l'équation différentielle en M par un autre procédé que je vais rappeler sommairement. Donnons même un coefficient p_0 à $\dfrac{d^m y}{dx^m}$ dans l'expression P, p_0 étant différent de l'unité.

Je multiplie P par $M\,dx$, M étant une indéterminée, et j'intègre la différentielle

$$P(y)M\,dx.$$

L'intégration par parties donne successivement

$$\int p_m y M\,dx = \int p_m My\,dx$$

$$\int p_{m-1}\frac{dy}{dx}M\,dx = p_{m-1}My - \int \frac{d(p_{m-1}M)}{dx}y\,dx$$

$$\int p_{m-2}\frac{d^2 y}{dx^2}M\,dx = p_{m-2}M\frac{dy}{dx} - \frac{d(p_{m-2}M)}{dx} + \int \frac{d^2(p_{m-2}M)}{dx^2}y\,dx$$

$$\dotfill$$

On en déduit

$$\int P(y)M\,dx = MA(y) + \int \left[p_m M - \frac{d(p_{m-1}M)}{dx} + \frac{d^2(p_{m-2}M)}{dx^2} \dots \right] y\,dx.$$

Si donc on détermine la fonction M par la condition qu'elle satisfasse à l'équation

$$0 = p_m M - \frac{d(p_{m-1}M)}{dx} + \frac{d^2(p_{m-2}M)}{dx^2} + \dots + (-1)^m \frac{d^m(p_0 M)}{dx^m},$$

on aura

$$MP(y) = \frac{d}{dx}[MA(y)],$$

et M sera un multiplicateur intégrant.

On retombe donc ainsi sur l'équation en M déjà obtenue, et l'on voit que, pour la trouver, il suffit d'intégrer par parties les différents termes de $P(y)M\,dx$ et d'égaler à zéro la somme des éléments placés sous les signes $\int$.

61. Inversement, je vais appliquer cette règle à la recherche de l'équation aux multiplicateurs intégrants de l'équation différentielle en M.

Je multiplie par $y\,dx$ le premier membre de l'équation en M et j'intègre par parties les différents termes

$$\int p_m My\,dx = \int p_m yM\,dx,$$

$$\int -\frac{d(p_{m-1}M)}{dx}y\,dx = -p_{m-1}yM = \int p_{m-1}\frac{dy}{dx}M\,dx,$$

$$\int \frac{d^2(p_{m-2}M)}{dx^2}y\,dx = \frac{d(p_{m-2}M)}{dx}y - p_{m-2}M\frac{dy}{dx} + \int p_{m-2}\frac{d^2 y}{dx^2}M\,dx,$$

$$\dotfill$$

Égalant à zéro la somme des éléments placés sous les signes $\int$, j'obtiens l'équation en y

$$0 = p_m y + p_{m-1}\frac{dy}{dx} + \dots + p_0 \frac{d^m y}{dx^m},$$

qui est précisément l'équation P = 0, de sorte que, réciproquement, P = 0 est l'équation aux facteurs intégrants de l'équation en M.

62. Il y a donc réciprocité complète entre l'équation P $= 0$ et l'équation en M, et chacune d'elles est l'équation aux multiplicateurs intégrants de l'autre.

Nous dirons que les deux équations sont *adjointes*, et l'expression adjointe de l'expression différentielle

$$P(y) = \frac{d^m y}{dx^m} + p_1 \frac{d^{m-1} y}{dx^{m-1}} + \ldots + p_m y$$

sera

$$\mathcal{P}(M) = (-1)^m \frac{d^m M}{dx^m} + (-1)^{m-1} \frac{d^{m-1}(p_1 M)}{dx^{m-1}} + \ldots - \frac{d(p_{m-1} M)}{dx} + p_m M.$$

Généralement, si les deux expressions différentielles

$$S(y) = S_0 \frac{d^\sigma y}{dx^\sigma} + S_1 \frac{d^{\sigma-1} y}{dx^{\sigma-1}} + \ldots + S_\sigma y,$$

$$\mathcal{S}(y) = \mathcal{S}_0 \frac{d^\sigma y}{dx^\sigma} + \mathcal{S}_1 \frac{d^{\sigma-1} y}{dx^{\sigma-1}} + \ldots + \mathcal{S}_\sigma y$$

sont adjointes, on aura

$$S(y) = (-1)^\sigma \frac{d^\sigma (\mathcal{S}_0 y)}{dx^\sigma} + (-1)^{\sigma-1} \frac{d^{\sigma-1}(\mathcal{S}_1 y)}{dx^{\sigma-1}} - \ldots - \frac{d(\mathcal{S}_{\sigma-1} y)}{dx} + \mathcal{S}_\sigma y,$$

$$\mathcal{S}(y) = (-1)^\sigma \frac{d^\sigma (S_0 y)}{dx^\sigma} + (-1)^{\sigma-1} \frac{d^{\sigma-1}(S_1 y)}{dx^{\sigma-1}} - \ldots - \frac{d(S_{\sigma-1} y)}{dx} + S_\sigma y.$$

Remarquons aussi que, si l'on considère les deux expressions adjointes $P(y)$ et $\mathcal{P}(M)$, on a les deux identités

$$y\mathcal{P}(M) = \frac{d}{dx}[yB(M)],$$

$$MP(y) = \frac{d}{dx}[MA(y)],$$

d'où l'on déduit

$$MP(y) - y\mathcal{P}(M) = \frac{d}{dx}[MA(y) - yB(M)],$$

de sorte que la différence

$$MP(y) - y\mathcal{P}(M)$$

est la dérivée d'une expression différentielle linéaire et homogène en y et en M, les coefficients étant des fonctions linéaires homogènes des coefficients p et de leurs dérivées ; on a, en effet, trouvé plus haut les valeurs des coefficients Ml_1, Ml_2, ..., Ml_{m-1} de $MA(y)$, et ceux de $B(M)$ sont analogues.

63. Je vais établir une relation élégante existant entre une expression différentielle mise sous forme composée et son expression adjointe.

Considérons les deux expressions adjointes

$$S(y) = S_0 \frac{d^\sigma y}{dx^\sigma} + S_1 \frac{d^{\sigma-1} y}{dx^{\sigma-1}} + \ldots + S_\sigma y,$$

$$\mathcal{S}(y) = \mathcal{S}_0 \frac{d^\sigma y}{dx^\sigma} + \mathcal{S}_1 \frac{d^{\sigma-1} y}{dx^{\sigma-1}} + \ldots + \mathcal{S}_\sigma y.$$

Je dis d'abord que, u étant une fonction de x, l'expression différentielle adjointe de $S(uy)$ est $u\mathcal{S}(y)$.

En effet, on a

$$S(y) = (-1)^\sigma \frac{d^\sigma (\mathcal{S}_0 y)}{dx^\sigma} + (-1)^{\sigma-1} \frac{d^{\sigma-1}(\mathcal{S}_1 y)}{dx^{\sigma-1}} + \ldots + \mathcal{S}_\sigma y,$$

d'où l'on déduit

$$S(uy) = (-1)^\sigma \frac{d^\sigma (\mathcal{S}_0 uy)}{dx^\sigma} + (-1)^{\sigma-1} \frac{d^{\sigma-1}(\mathcal{S}_1 uy)}{dx^{\sigma-1}} + \ldots + \mathcal{S}_\sigma uy.$$

L'expression adjointe de $S(uy)$ est, par conséquent,

$$\mathcal{S}_0 u \frac{d^\sigma y}{dx^\sigma} + \mathcal{S}_1 u \frac{d^{\sigma-1}y}{dx^{\sigma-1}} + \ldots + \mathcal{S}_{\sigma-1} u \frac{dy}{dx} + \mathcal{S}_\sigma uy,$$

c'est-à-dire $u\mathcal{S}(y)$.

Je dis ensuite que, u étant une fonction de x, l'expression différentielle adjointe de $S\!\left(u\dfrac{d^k y}{dx^k}\right)$ est

$$(-1)^k \frac{d}{dx^k}[u\mathcal{S}(y)].$$

En effet, l'expression

$$S\!\left(\frac{d^k y}{dx^k}\right) = S_0 \frac{d^{\sigma+k}y}{dx^{\sigma+k}} + S_1 \frac{d^{\sigma+k-1}y}{dx^{\sigma+k-1}} + \ldots + S_\sigma \frac{d^k y}{dx^k}$$

a pour expression adjointe

$$(-1)^{\sigma+k} \frac{d^{\sigma+k}(\mathrm{S}_0 y)}{dx^{\sigma+k}} + (-1)^{\sigma+k-1} \frac{d^{\sigma+k-1}(\mathrm{S}_1 y)}{dx^{\sigma+k-1}} + \ldots + (-1)^k \frac{d^k(\mathrm{S}_0 y)}{dx^k},$$

ou bien

$$(-1)^k \frac{d^k \mathcal{S}(y)}{dx^k}.$$

Par conséquent, $(-1)^k \dfrac{d^k}{dx^k}[u\mathcal{S}(y)]$ sera l'adjointe de $T\!\left(\dfrac{d^k y}{dx^k}\right)$, $T(y)$ étant l'expression qui a pour adjointe $u\mathcal{S}(y)$. Or, cette expression est

$$T(y) = S(uy);$$

donc $(-1)^k \dfrac{d^k}{dx^k}[u\mathcal{S}(y)]$ sera l'adjointe de $S\!\left(u\dfrac{d^k y}{dx^k}\right)$.

Soient enfin $\mathcal{R}$ et $\mathcal{S}$ les adjointes de R et de S, où S désigne toujours l'expression

$$\mathrm{S}_0 \frac{d^\sigma y}{dx^\sigma} + \mathrm{S}_1 \frac{d^{\sigma-1}y}{dx^{\sigma-1}} + \ldots + \mathrm{S}_\sigma y.$$

On a

$$\mathrm{RS} = \mathrm{R}\left[\mathrm{S}_0 \frac{d^\sigma y}{dx^\sigma}\right] + \mathrm{R}\left[\mathrm{S}_1 \frac{d^{\sigma-1}y}{dx^{\sigma-1}}\right] + \ldots + \mathrm{R}(\mathrm{S}_\sigma y).$$

Or, il est évident que l'adjointe d'une somme est la somme des adjointes. Donc l'adjointe de RS sera

$$(-1)^\sigma \frac{d^\sigma}{dx^\sigma}[\mathrm{S}_0 \mathcal{R}(y)] + (-1)^{\sigma-1} \frac{d^{\sigma-1}}{dx^{\sigma-1}}[\mathrm{S}_1 \mathcal{R}(y)] + \ldots + \mathrm{S}_\sigma \mathcal{R}(y),$$

c'est-à-dire

$$\mathcal{SR}.$$

On a donc ce théorème remarquable :

L'expression adjointe de RS *est* $\mathcal{SR}$.

La propriété s'étend facilement à un plus grand nombre d'expressions, et l'on a cette proposition générale :

Si une expression différentielle est composée de plusieurs expressions différentielles, rangées dans un certain ordre, l'expression différentielle adjointe est composée des expressions adjointes rangées dans l'ordre inverse.

Remarquons, en passant, une conséquence de ce fait que l'expression adjointe de $u\mathcal{S}(y)$ est $S(uy)$. Nous avons supposé, dans la recherche du n° **59**, que le coefficient de $\dfrac{d^m y}{dx^m}$ dans P était égal à l'unité, et nous avons trouvé que l'adjointe de l'expression

$$\frac{d^m y}{dx^m} + \frac{p_1}{p_0}\frac{d^{m-1}y}{dx^{m-1}} + \frac{p_2}{p_0}\frac{d^{m-2}y}{dx^{m-2}} + \ldots + \frac{p_m}{p_0}y$$

est l'expression différentielle

$$(-1)^m \frac{d^m M}{dx^m} + (-1)^{m-1}\frac{d^{m-1}\left(\dfrac{p_1}{p_0}M\right)}{dx^{m-1}} + \ldots + \frac{p_m}{p_0}M.$$

Donc l'adjointe de

$$p_0\frac{d^m y}{dx^m} + p_1\frac{d^{m-1}y}{dx^{m-1}} + \ldots + p_m y$$

sera

$$(-1)^m \frac{d^m (p_0 M)}{dx^m} + (-1)^{m-1}\frac{d^{m-1}(p_1 M)}{dx^{m-1}} + \ldots + p_m M,$$

comme nous l'avons vu par la méthode de Lagrange.

64. Il est facile de trouver la liaison qui existe entre les intégrales des deux équations adjointes $P(y) = 0$ et $\mathcal{P}(M) = 0$.

J'observe d'abord que l'équation du premier ordre

$$\frac{dy}{dx} - hy = 0$$

a pour adjointe

$$\frac{dM}{dx} + hM = 0,$$

et ensuite que, si la première admet la solution $y = v$, la seconde admettra la solution $M = v^{-1}$.

Cela étant, je mets $P(y)$ sous (n° **59**) la forme composée

$$P(y) = A_m A_{m-1} \ldots A_2 A_1,$$

les équations du premier ordre

$$A_1 = 0, \quad A_2 = 0, \quad \ldots, \quad A_m = 0$$

admettant respectivement pour solutions

$$v_1, \quad v_1 v_2, \quad v_1 v_2 v_3, \quad \ldots, \quad v_1 v_2 \ldots v_m.$$

L'équation $P(y) = 0$ admettra alors (n° **59**) le système fondamental d'intégrales

$$y_1 = v_1, \quad y_2 = v_1\!\int v_2\, dx, \quad \ldots, \quad y_m = v_1\!\int v_2\, dx \ldots \int v_m\, dx.$$

Mais soient $\mathcal{A}_1$, $\mathcal{A}_2$, ..., $\mathcal{A}_m$ les expressions adjointes de A_1, A_2, ..., A_m. D'après le théorème du n° **63**, on a

$$\mathcal{P}(\mathrm{M}) = \mathcal{A}_1 \mathcal{A}_2 \ldots \mathcal{A}_{m-1} \mathcal{A}_m,$$

et, d'après la remarque qui précède, les équations

$$\mathcal{A}_m = 0, \quad \mathcal{A}_{m-1} = 0, \quad \ldots, \quad \mathcal{A}_2 = 0, \quad \mathcal{A}_1 = 0$$

admettent respectivement comme solutions

$$(v_1 v_2 \ldots v_m)^{-1}, \ (v_1 v_2 \ldots v_{m-1})^{-1}, \ \ldots, \ (v_1 v_2)^{-1}, \ v_1^{-1}.$$

Donc $\mathcal{P}(\mathrm{M}) = 0$ aura comme système fondamental d'intégrales

$$\begin{aligned}
\mathrm{M}_1 &= (v_1 v_2 \ldots v_m)^{-1},\\
\mathrm{M}_2 &= (v_1 v_2 \ldots v_m)^{-1}\!\int v_m\, dx,\\
\mathrm{M}_3 &= (v_1 v_2 \ldots v_m)^{-1}\!\int v_m\, dx\!\int v_{m-1}\, dx,\\
&\cdots\cdots\cdots\cdots\cdots\cdots\cdots\cdots\cdots ,\\
\mathrm{M}_m &= (v_1 v_2 \ldots v_m)^{-1}\!\int v_m\, dx\!\int v_{m-1}\, dx \ldots \int v_2\, dx.
\end{aligned}$$

Ces formules montrent clairement la corrélation des deux systèmes fondamentaux d'intégrales de $P(y) = 0$ et de $\mathcal{P}(\mathrm{M}) = 0$.

65. Revenons maintenant à nos hypothèses sur l'équation différentielle

$$P(y) = \frac{d^m y}{dx^m} + p_1 \frac{d^{m-1} y}{dx^{m-1}} + \ldots + p_m y = 0,$$

et supposons que les coefficients p soient développables en séries convergentes dans le domaine du point zéro, procédant suivant les puissances entières, positives et négatives de x, mais ne contenant qu'un nombre limité de puissances négatives.

Il en sera évidemment de même des coefficients de l'équation différentielle adjointe

$$\mathcal{P}(\mathrm{M}) = (-1)^m \frac{d^m \mathrm{M}}{dx^m} + (-1)^{m-1} \frac{d^{m-1}(p_1 \mathrm{M})}{dx^{m-1}} + \ldots + p_m \mathrm{M} = 0.$$

Nous allons voir que les fonctions déterminantes de $P(y) = 0$ et de $\mathcal{P}(\mathrm{M}) = 0$ sont étroitement liées.

On a l'identité (n° **62**)

$$\mathrm{M}P(y) - y\mathcal{P}(\mathrm{M}) = \frac{d}{dx}[\mathrm{L}(y, \mathrm{M})],$$

où $\mathrm{L}(y, \mathrm{M})$ est une expression différentielle linéaire homogène en y et en M, dont les coefficients sont des fonctions linéaires homogènes des coefficients p et de leurs dérivées, et ne renferment par conséquent eux-mêmes qu'un nombre fini de puissances de x^{-1}.

Posons dans cette identité

$$y = x^{-\rho - \nu - 1} \quad \text{et} \quad \mathrm{M} = x^\rho,$$

ν étant un nombre entier quelconque, positif ou négatif. Nous obtenons

$$x^\rho \mathrm{P}(x^{-\rho-\nu-1}) - x^{-\rho-\nu-1}\mathcal{P}(x^\rho) = \frac{d}{dx}[\mathrm{L}(x^{-\rho-\nu-1}, x^\rho)].$$

Or, la quantité placée sous le signe $\dfrac{d}{dx}$ dans le second membre est développable en une série procédant suivant les puissances entières de x, ne contenant qu'un nombre fini de puissances négatives et ne comprenant en tout cas aucun logarithme. Donc le premier membre, qui procède aussi suivant les puissances entières de x, ne renferme pas la puissance x^{-1}. Formons donc le coefficient de x^{-1} et égalons-le à zéro. Soient

$$\mathrm{P}(x^\rho) = \sum_\lambda f_\lambda(\rho)x^{\rho+\lambda}, \quad \mathcal{P}(x^\rho) = \sum_\lambda \varphi_\lambda(\rho)x^{\rho+\lambda}$$

les fonctions caractéristiques de $\mathrm{P}(y)$ et de $\mathcal{P}(\mathrm{M})$. Le coefficient de x^{-1} dans $x^\rho \mathrm{P}(x^{-\rho-\nu-1})$ est alors $f_\nu(-\rho-\nu-1)$, et le coefficient de x^{-1} dans $x^{-\rho-\nu-1}\mathcal{P}(x^\rho)$ est $\varphi_\nu(\rho)$. On a donc, quel que soit l'entier ν,

$$\varphi_\nu(\rho) = f_\nu(-\rho-\nu-1).$$

Soit g le plus haut exposant de x^{-1} dans $x^{-\rho}\mathrm{P}(x^\rho)$; $f_\nu(\rho)$ s'évanouit alors pour les valeurs de ν inférieures à $-g$, mais non pour la valeur $\nu = -g$. Donc, à cause de l'identité précédente, il en est de même de $\varphi_\nu(\rho)$. Faisons $\nu = -g$ dans cette relation; nous aurons

$$\varphi_{-g}(\rho) = f_{-g}(-\rho+g-1).$$

Or, $\varphi_{-g}(\rho)$ et $f_{-g}(\rho)$ sont les fonctions déterminantes de $\mathcal{P}(\mathrm{M})$ et de $\mathrm{P}(y)$; x^g est d'ailleurs la puissance de x par laquelle on doit multiplier $\mathrm{P}(y)$ pour la réduire à la forme normale. D'où cette proposition :

Les fonctions déterminantes de $\mathrm{P}(y)$ *et de l'expression adjointe* $\mathcal{P}(\mathrm{M})$ *se déduisent l'une de l'autre en changeant* ρ *en* $-\rho+g-1$, x^g *étant la puissance par laquelle il faut multiplier* $\mathrm{P}(y)$ *pour l'amener à la forme normale.*

On en déduit que les fonctions déterminantes de $\mathrm{P}(y)$ et de l'adjointe $\mathcal{P}(\mathrm{M})$ sont du même degré.

Ramenons $\mathrm{P}(y)$ à la forme normale en multipliant par x^g; d'après le n° **63**, l'adjointe de $x^g\mathrm{P}(y)$ sera $\mathcal{P}(x^g\mathrm{M})$; mais (n° **33**) la fonction déterminante de $\mathcal{P}(x^g\mathrm{M})$ est $\varphi_{-g}(\rho+g)$; or, à cause de

$$\varphi_{-g}(\rho) = f_{-g}(-\rho+g-1),$$

on a

$$\varphi_{-g}(\rho+g) = f_{-g}(-\rho-1);$$

donc, lorsque l'expression proposée a la forme normale, pour obtenir la fonction déterminante de l'expression adjointe, il suffit de remplacer ρ par $-\rho-1$ dans celle de la proposée.

66. *Si l'équation* $\mathrm{P}(y) = 0$ *toutes ses intégrales régulières, il en est de même de l'équation différentielle adjointe* $\mathcal{P}(\mathrm{M}) = 0$.

Observons d'abord que, pour le premier ordre, ce théorème est évident, puisque (n° **22**) l'équation

$$\frac{dy}{dx} + \frac{\mathrm{P}_1(x)}{x}y = 0$$

a pour adjointe

$$\frac{d\mathrm{M}}{dx} - \frac{\mathrm{P}_1(x)}{x}\mathrm{M} = 0.$$

En général, $\mathrm{P}(y) = 0$, ayant toutes ses intégrales régulières, peut (n° **48**) être composée uniquement d'équations du premier ordre ayant chacune une intégrale régulière. Dès lors (n° **63**), l'équation adjointe $\mathcal{P}(\mathrm{M}) = 0$ se composera des équations adjointes rangées dans l'ordre inverse. Donc (n° **49**), l'équation $\mathcal{P}(\mathrm{M}) = 0$, étant composée uniquement d'équations du premier ordre ayant chacune une intégrale régulière, a elle-même toutes ses intégrales régulières.

67. Nous sommes maintenant en mesure de transformer la condition du n° **58** par la considération de l'équation différentielle adjointe.

On a vu que, pour que l'équation différentielle $\mathrm{P} = 0$, d'ordre m, ayant une fonction déterminante de degré γ, admette γ intégrales régulières linéairement indépendantes, il faut et il suffit que l'expression P soit de la forme $\mathrm{P} = \mathrm{QD}$, Q étant d'ordre $m - \gamma$ et ayant pour fonction déterminante une constante.

Or, soient Q et $\mathcal{D}$ les expressions adjointes de Q et de D. D'après le n° **65**, les fonctions déterminantes de Q et de Q sont du même degré, et d'après le n° **63**, P se mettant sous la forme $\mathrm{P} = \mathrm{QD}$, $\mathcal{P}$ se mettra sous la forme $\mathcal{P} = \mathcal{D}Q$, et réciproquement. Donc, la condition nécessaire et suffisante pour que $\mathrm{P} = 0$ ait γ intégrales régulières linéairement indépendantes est que l'expression adjointe $\mathcal{P}$ soit de la forme $\mathcal{P} = \mathcal{D}Q$, Q étant d'ordre $m - \gamma$ et ayant pour fonction déterminante une constante. Ceci revenant à dire que (n° **39**) $\mathcal{P} = 0$ doit admettre toutes les intégrales de $Q = 0$, nous obtenons cette condition finale :

Pour que l'équation différentielle $\mathrm{P} = 0$, *d'ordre* m, *ayant une fonction déterminante du degré* γ, *ait exactement* γ *intégrales régulières linéairement indépendantes, il faut et il suffit que l'équation adjointe* $\mathcal{P} = 0$ *admette toutes les intégrales d'une équation différentielle d'ordre* $m - \gamma$, *ayant pour fonction déterminante une constante.*

68. Je vais enfin appliquer ceci à la recherche des conditions que doit remplir l'équation $\mathrm{P} = 0$, d'ordre m, pour avoir $m - 1$ intégrales régulières linéairement indépendantes.

Je dis d'abord que la fonction déterminante doit être de degré $m - 1$. En effet, elle ne peut pas être de degré inférieur à $m - 1$, car alors (n° **54**) $\mathrm{P} = 0$ n'aurait pas $m - 1$ intégrales régulières linéairement indépendantes, et elle ne peut pas être de degré supérieur à $m - 1$, car alors elle serait de degré m, et, par suite (n° **54**), $\mathrm{P} = 0$ aurait m intégrales régulières linéairement indépendantes.

La fonction déterminante étant de degré $m - 1$, il faut maintenant et il suffit, d'après le théorème précédent, que l'équation adjointe $\mathcal{P} = 0$ admette les intégrales d'une équation du premier ordre, ayant pour fonction déterminante une constante. Or, d'après le n° **53**, les intégrales d'une pareille équation du premier ordre sont de la forme

$$e^{\frac{c_1}{x} + \frac{c_2}{x^2} + \cdots + \frac{c_n}{x^n}} x^\rho \psi(x),$$

$\psi(x)$ ne contenant que des puissances positives de x, et ne s'évanouissant pas pour $x = 0$;

D'où la proposition suivante :

Pour que l'équation différentielle $\mathrm{P} = 0$, *d'ordre* m, *ait exactement* $m - 1$ *intégrales régulières linéairement indépendantes, il faut et il suffit :*

1° Que sa fonction déterminante soit de degré $m - 1$;

$2°$ *Que son équation différentielle adjointe admette une intégrale de la forme*

$$e^{\frac{c_1}{x}+\frac{c_2}{x^2}+\ldots+\frac{c_n}{x^n}}\, x^\rho \psi(x),$$

$\psi(x)$ *étant une fonction holomorphe dans le domaine du point zéro et non nulle pour* $x = 0$.

SIXIÈME PARTIE.

69. Le procédé indiqué au n° **59** pour trouver l'équation au multiplicateur intégrant appartient à M. Thomé. Cependant, j'ai légèrement modifié le raisonnement en introduisant une décomposition de l'expression P en m facteurs A de la forme

$$A = \frac{dy}{dx} - ay.$$

J'ai aussi introduit ce mode de décomposition au n° **64**, lorsqu'il s'est agi de trouver la relation qui existe entre les intégrales de deux équations adjointes. Il semble que l'emploi des décompositions de ce genre doive présenter certains avantages. Aussi me suis-je proposé d'y revenir dans les deux dernières Parties de ce Mémoire. J'en fais d'abord la théorie, après quoi j'en déduis une nouvelle méthode propre à l'étude de l'expression et des intégrales dans le domaine d'un point singulier.

Considérons l'expression différentielle composée

$$P = A_m A_{m-1} \ldots A_3 A_2 A_1,$$

les expressions composantes A étant linéaires, homogènes, du premier ordre, et ayant pour premier coefficient l'unité. Ces expressions composantes, de la forme

$$A = \frac{dy}{dx} - ay.$$

seront appelées *facteurs premiers symboliques*. Deux facteurs premiers symboliques ne peuvent différer que par leur coefficient a. Je représenterai le coefficient de A_i par a_i.

70. Soit l'expression différentielle linéaire, homogène, d'ordre m

$$P(y) = \frac{d^m y}{dx^m} + p_1 \frac{d^{m-1}y}{dx^{m-1}} + \ldots + p_m y,$$

où le premier coefficient sera toujours l'unité et où les coefficients p sont des fonctions de x, holomorphes dans une partie du plan à contour simple, sauf pour certains points singuliers isolés les uns des autres.

Je vais étudier la décomposition de cette expression en facteurs premiers symboliques.

$1°$ L'expression P est décomposable en m facteurs premiers symboliques.

Considérons, en effet, un système fondamental d'intégrales de l'équation $P = 0$; on peut (n° **5**) le supposer de la forme

$$y = v_1, \quad y_2 = v_1\!\int v_2\, dx, \quad \ldots, \quad y_m = v_1\!\int v_2\, dx\!\int \ldots \int v_m\, dx.$$

Je construis les équations différentielles

$$A_1 = 0, \quad A_2 = 0, \quad \ldots, \quad A_i = 0, \quad \ldots, \quad A_m = 0,$$

telles que

$$A_i = \frac{dy}{dx} - a_i y = 0,$$

et admettant respectivement comme solutions

$$v_1, \ v_1 v_2, \ \ldots, \ v_1 v_2 \ldots v_i, \ \ldots, \ v_1 v_2 \ldots v_m.$$

La valeur de a_i, par exemple, sera

$$a_i = \frac{d \log(v_1 v_2 \ldots v_i)}{dx}.$$

L'expression différentielle $A_m A_{m-1} \ldots A_3 A_2 A_1$, composée de m facteurs premiers symboliques, est identique à P, c'est-à-dire que les coefficients des dérivées de même ordre, dans les deux expressions, seront égaux. C'est ce que j'ai établi au n° **59**.

2° Toute décomposition de P en facteurs premiers symboliques s'obtient par la méthode précédente. Autrement dit, si l'on a

$$P = A_m A_{m-1} \ldots A_3 A_2 A_1,$$

et si l'intégrale de $A_1 = 0$ est v_1, si celle de $A_2 = 0$ est mise sous la forme $v_1 v_2$, ce qui est toujours possible, celle de $A_3 = 0$ sous la forme $v_1 v_2 v_3$, etc., les m fonctions

$$y_1 = v_1, \quad y_2 = v_1 \textstyle\int v_2 \, dx, \quad \ldots, \quad y_m = v_1 \textstyle\int v_2 \, dx \textstyle\int \ldots \textstyle\int v_m \, dx$$

constituent un système fondamental d'intégrales de $P = 0$.

En effet, l'expression P est annulée par les intégrales générales des équations

$$A_1 = 0, \quad A_1 = v_1 v_2, \quad A_2 A_1 = v_1 v_2 v_3, \quad \ldots;$$

or, l'intégration directe de ces équations montre qu'elles admettent pour solutions les quantités désignées par $y_1, y_2, \ldots, y_m$; donc ces fonctions y_i sont bien des intégrales de $P = 0$. Elles sont d'ailleurs linéairement indépendantes.

Ainsi, *l'expression* P *est toujours décomposable en facteurs premiers symboliques, et de plusieurs manières ; mais toutes ces décompositions s'obtiennent par la même voie, et chacune d'elles est corrélative d'un système fondamental déterminé.*

71. De même qu'en Algèbre la décomposition d'un polynôme en facteurs premiers permet, connaissant les racines d'une équation, d'écrire immédiatement cette équation, de même ici la décomposition en facteurs premiers symboliques permet d'écrire de suite l'équation différentielle qui admet un système fondamental d'intégrales donné. Si

$$y_1 = v_1, \quad y_2 = v_1 \textstyle\int v_2 \, dx, \quad \ldots, \quad y_m = v_1 \textstyle\int v_2 \, dx \ldots \textstyle\int v_m \, dx$$

est le système en question, l'équation différentielle sera

$$A_m A_{m-1} \ldots A_3 A_2 A_1 = 0,$$

avec les conditions

$$a_i = \frac{d \log(v_1 v_2 \ldots v_i)}{dx}, \quad i = 1, 2, 3, \ldots, m.$$

Les coefficients de cette équation se trouveront exprimés en fonction de v_1, v_2, ..., v_m.

Je mentionnerai un autre procédé, conduisant à la solution de ce même problème : former, en fonction de v_1, v_2, ..., v_m, l'équation différentielle qui admet le système fondamental y_1, y_2, ..., y_m.

Je vais, en effet, construire successivement les équations différentielles linéaires, homogènes, d'ordres 1, 2, 3, ..., admettant comme solutions, la première v_m, la deuxième v_{m-1} et $v_{m-1} \int v_m \, dx$, la troisième v_{m-2}, $v_{m-2} \int v_{m-1} \, dx$ et $v_{m-2} \int v_{m-1} \, dx \int v_m \, dx$, etc. Reportons-nous pour cela aux formules (1) du n° **18**, qui donneront les p, connaissant les q.

L'équation du premier ordre, qui admet l'intégrale v_m, est

$$(1) \qquad \frac{dy}{dx} + r_1 y = 0,$$

avec la condition

$$r_1 = -\frac{1}{v_m} \frac{dv_m}{dx}.$$

Pour obtenir l'équation du second ordre

$$(2) \qquad \frac{d^2 y}{dx^2} + s_1 \frac{dy}{dx} + s_2 y = 0,$$

qui admet les intégrales

$$v_{m-1} \quad \text{et} \quad v_{m-1}\!\int v_m \, dx,$$

je détermine d'abord s_2 par la condition que v_{m-1} vérifie cette équation ; puis, considérant l'équation (1) comme déduite de (2) par la substitution

$$y = v_{m-1}\!\int z \, dx,$$

je détermine s_1, en fonction de r_1, par les formules (1) du n° **18**.

L'équation du troisième ordre

$$(3) \qquad \frac{d^3 y}{dx^3} + t_1 \frac{d^2 y}{dx^2} + t_2 \frac{dy}{dx} + t_3 y = 0,$$

qui admet les intégrales

$$v_{m-2}, \quad v_{m-2}\!\int v_{m-1} \, dx \quad \text{et} \quad v_{m-2}\!\int v_{m-1} \, dx\!\int v_m \, dx,$$

se construit de même, en déterminant d'abord t_3 par la condition que v_{m-2} vérifie cette équation, puis t_1 et t_2 en fonction de s_1 et s_2, à l'aide des formules (1) du n° **18**.

En continuant de la même manière, on obtiendra l'équation cherchée, d'ordre m, admettant les intégrales

$$v_1, \quad v_1\!\int v_2 \, dx, \quad ..., \quad v_1\!\int v_2 \, dx\!\int ...\!\int v_m \, dx.$$

D'après la proposition du n° **8**, si les fonctions y_1, y_2, ..., y_m sont holomorphes dans une partie T du plan, à contour simple, excepté pour certains points isolés les uns des autres, et si les nouvelles valeurs $(y_1)'$, $(y_2)'$, ..., $(y_m)'$ qu'acquièrent ces fonctions lorsque la variable fait le tour d'un de ces points peuvent s'exprimer en fonction linéaire, homogène, à coefficients constants, des valeurs primitives, l'équation différentielle obtenue, à laquelle satisfont y_1, y_2, ..., y_m, aura ses coefficients monotropes dans la région T.

72. Lorsqu'on connaîtra un système de valeurs des fonctions v_1, v_2, ..., v_m, on saura effectuer toutes les décompositions possibles de l'expression P en facteurs premiers symboliques, car, si l'on connaît un système v_1, v_2, ..., v_m, on peut intégrer complètement P = 0 ; par suite, on connaîtra tous les systèmes v_1, v_2, ..., v_m ; on sera donc à même de calculer tous les systèmes de valeurs des coefficients a_1, a_2, ..., a_m donnés par les formules

$$(1) \qquad a_i = \frac{d\log(v_1 v_2 \ldots v_i)}{dx}, \quad i = 1,\ 2,\ 3,\ \ldots,\ m.$$

Inversement, lorsqu'on connaîtra un système de valeurs des coefficients a_1, a_2, ..., a_m, on saura effectuer l'intégration complète de l'équation P = 0. En effet, si l'on connaît a_1, a_2, ..., a_m, on peut calculer v_1, v_2, ..., v_m par les formules (1), qui donnent

$$v_1 = e^{\int a_1\, dx}, \quad v_2 = e^{\int (a_2 - a_1)\, dx}, \quad \ldots, \quad v_m = e^{\int (a_m - a_{m-1})\, dx}.$$

On aura donc un système fondamental d'intégrales de l'équation P = 0 :

$$y_1 = e^{\int a_1\, dx}, \quad y_2 = e^{\int a_1\, dx} \int e^{\int (a_2 - a_1)\, dx}\, dx, \quad \ldots,$$
$$y_m = e^{\int a_1\, dx} \int e^{\int (a_2 - a_1)\, dx}\, dx \int \ldots \int e^{\int (a_m - a_{m-1})\, dx}\, dx.$$

Notons cette conséquence : lorsqu'on connaît une décomposition de l'expression P en facteurs premiers symboliques, on peut les former toutes.

73. Quand on veut décomposer l'expression

$$P(y) = \frac{d^m y}{dx^m} + p_1 \frac{d^{m-1} y}{dx^{m-1}} + \ldots + p_m y$$

en m facteurs premiers symboliques, ce qui, comme l'a vu, revient au fond à intégrer l'équation P = 0, on peut soit calculer un système de valeurs des fonctions v_1, v_2, ..., v_m, soit évaluer directement un système de valeurs de leurs coefficients a_1, a_2, ..., a_m.

Dans le premier cas, on cherchera, comme on sait, une solution particulière v_1 de $P(z_1) = 0$, puis une solution particulière v_2 de $P(v_1 \int z_2\, dx) = 0$, etc. Ces équations en z_1, z_2, z_3, ..., z_m, d'ordres respectifs m, $m - 1$, $m - 2$, ..., 2, 1, sont linéaires.

Dans le second cas, pour calculer directement un système a_1, a_2, ..., a_m, il résulte du numéro précédent que l'on cherchera une solution particulière a_1 de

$$P(e^{\int a_1\, dx}) = 0,$$

puis une solution particulière a_2 de

$$P[e^{\int a_1\, dx} \int e^{\int (u_2 - a_1)\, dx}\, dx] = 0,$$

puis, etc. Ces équations en u_1, u_2, u_3, ..., u_m sont d'ordres respectifs $m - 1$, $m - 2$, ..., 2, 1, 0, mais ne sont pas linéaires. En général, a_i sera une intégrale quelconque de l'équation en u_i, d'ordre $m - i$, mais non linéaire,

$$P[e^{\int a_1\, dx} \int e^{\int (a_2 - a_1)\, dx}\, dx \int e^{\int (a_3 - a_2)\, dx}\, dx \int \ldots \int e^{\int (u_i - a_{i-1})\, dx}\, dx] = 0.$$

Remarquons que cette seconde méthode donne une signification remarquable de la nouvelle variable u, dans le changement de variable

$$y = e^{\int u\, dx},$$

usité pour abaisser l'ordre des équations différentielles linéaires et homogènes : *u est le coefficient du dernier facteur premier symbolique dans une décomposition du premier membre de l'équation.*

Remarquons aussi que le système des équations en u_1, u_2, ..., u_m, comme le système des équations en z_1, z_2, ..., z_m, possède cette propriété, qu'il suffit de connaître une solution particulière de chacune de ses équations pour pouvoir les intégrer toutes complètement, puisque, ces solutions étant connues, on peut intégrer complètement $P = 0$.

Ainsi donc, si l'on veut tenter l'intégration de l'équation $P = 0$ par une décomposition directe de P en facteurs premiers symboliques, on est conduit à chercher m intégrales des m équations en u_1, u_2, ..., u_m, d'ordres $m-1$, $m-2$, ..., 2, 1, 0. Ces équations ne sont plus linéaires ; malgré cela, elles peuvent aider à découvrir certains cas particuliers où l'équation $P = 0$ est intégrable.

Je vais appliquer à l'équation du second ordre

$$P(y) = \frac{d^2y}{dx^2} + p_1\frac{dy}{dx} + p_2 y = 0.$$

Je veux mettre P sous la forme composée

$$P = A_2 A_1 = \frac{d^2y}{dx^2} - (a_1 + a_2)\frac{dy}{dx} - \left(\frac{da_1}{dx} - a_1 a_2\right)y,$$

d'où les deux équations

$$a_1 + a_2 = -p_1,$$

$$\frac{da_1}{dx} - a_1 a_2 = -p_2,$$

qui déterminent a_1 et a_2. La première donne

$$(1) \qquad a_2 = -a_1 - p_1,$$

et tout revient à calculer a_1, qui est donné par l'équation du second ordre non linéaire

$$(2) \qquad \frac{da_1}{dx} + a_1^2 + p_1 a_1 + p_2 = 0.$$

L'équation (2) n'est autre chose que

$$P(e^{\int a_1\, dx}) = 0,$$

et l'équation (1)

$$P[e^{\int a_1\, dx}\textstyle\int e^{\int (a_2 - a_1)\, dx}\, dx] = 0.$$

De plus, on sait que les équations de la forme (2) sont intégrables complètement quand on en connaît une solution particulière, ce qui est d'accord avec ce qui précède.

L'équation (2) se ramène à la forme

$$(3) \qquad \frac{da}{dx} + q_1 a^2 + q_2 = 0$$

par la substitution

$$(4) \qquad a_1 = a - \frac{p_1}{2},$$

ou encore

$$(5) \qquad a_1 = ae^{-\int p_1\, dx}.$$

La substitution (4) revient à prendre pour inconnue la demi-différence

$$\frac{a_1 - a_2}{2} = a.$$

Il faudrait donc intégrer l'équation (3) pour avoir a_1 et a_2, et par suite un système fondamental d'intégrales de l'équation du second ordre.

Adoptons, par exemple, la substitution (5). L'équation (3) est alors

$$\frac{da}{dx} + e^{-\int p_1\, dx}a^2 + p_2 e^{\int p_1\, dx} = 0,$$

et, si nous supposons

$$e^{-\int p_1\, dx} = p_2 e^{\int p_1\, dx}, \quad \text{c'est à dire} \quad p_1 = -\frac{d\log\sqrt{p_2}}{dx},$$

elle est intégrable. On en déduit sans peine a_1 et a_2, savoir :

$$a_1 = -\sqrt{p_2}\,\tang(\textstyle\int \sqrt{p_2}\, dx),$$
$$a_2 = \frac{d\log\sqrt{p_2}}{dx} + \sqrt{p_2}\,\tang(\textstyle\int \sqrt{p_2}\, dx),$$

et, par suite, un système fondamental d'intégrales de l'équation

$$\frac{d^2 y}{dx^2} - \frac{d\log\sqrt{p_2}}{dx}\frac{dy}{dx} + p_2 y = 0.$$

Si nous adoptons maintenant la substitution (4), auquel cas l'équation (3) est

$$(6) \qquad \frac{da}{dx} + a^2 - \left(\frac{1}{2}\frac{dp_1}{dx} + \frac{p_1^2}{4} - p_2\right) = 0,$$

il est facile d'obtenir la relation qui doit exister entre p_1 et p_2 pour que a_1 et a_2 soient égaux. La condition est évidemment que l'équation (6) soit vérifiée pour $a = 0$, puisque a représente $\dfrac{a_1 - a_2}{2}$. Par conséquent, la condition nécessaire et suffisante pour que l'expression

$$\frac{d^2 y}{dx^2} + p_1\frac{dy}{dx} + p_2 y$$

soit décomposable en deux facteurs premiers symboliques égaux est

$$\frac{1}{2}\frac{dp_1}{dx} + \frac{p_1^2}{4} - p_2 = 0.$$

Les deux facteurs sont d'ailleurs égaux à

$$\frac{dy}{dx} + \frac{p_1}{2}y,$$

et l'équation du second ordre admet les deux solutions

$$y_1 = e^{-\frac{1}{2}\int p_1\, dx}, \quad y_2 = xe^{-\frac{1}{2}\int p_1\, dx}.$$

74. Considérons une décomposition de l'expression

$$P(y) = \frac{d^m y}{dx^m} + p_1 \frac{d^{m-1} y}{dx^{m-1}} + \ldots + p_m y$$

en facteurs premiers symboliques,

$$P = A_m A_{m-1} \ldots A_3 A_2 A_1,$$

et proposons-nous de calculer les coefficients p en fonction des coefficients a des facteurs.

Soit

$$A_m A_{m-1} \ldots A_3 A_2 = \frac{d^{m-1} y}{dx^{m-1}} + q_1 \frac{d^{m-2} y}{dx^{m-2}} + \ldots + q_{m-1} y;$$

formons $A_m A_{m-1} \ldots A_3 A_2 A_1$, c'est-à-dire remplaçons y par $\frac{dy}{dx} - a_1 y$ dans l'expression précédente, et nous obtiendrons

$$
P(y) = \frac{d^m y}{dx^m} + q_1 \left| \begin{aligned} &\frac{d^{m-1} y}{dx^{m-1}} \\ &-a_1 \end{aligned} \right. + q_2 \left| \begin{aligned} &\frac{d^{m-2} y}{dx^{m-2}} \\ &-(m-1)\frac{da_1}{dx} \\ &-q_1 a_1 \end{aligned} \right. + q_3 \left| \begin{aligned} &\frac{d^{m-3} y}{dx^{m-3}} \\ &-\frac{(m-1)(m-2)}{1 \cdot 2}\frac{d^2 a_1}{dx^2} \\ &-q_1(m-2)\frac{da_1}{dx} \\ &-q_2 a_1 \end{aligned} \right. + \ldots - \left| \begin{aligned} &\frac{d^{m-1} a_1}{dx^{m-1}} \\ &-q_1 \frac{d^{m-2} a_1}{dx^{m-2}} \\ &-q_2 \frac{d^{m-3} a_1}{dx^{m-3}} \\ &- \ldots \ldots \\ &-q_{m-2}\frac{da_1}{dx} \\ &-q_{m-1} a_1 \end{aligned} \right| y,
$$

d'où l'on déduit

$$
(1) \quad
\begin{cases}
p_1 = q_1 - a_1, \\[2mm]
p_2 = q_2 - (m-1)\dfrac{da_1}{dx} - q_1 a_1, \\[2mm]
p_3 = q_3 - \dfrac{(m-1)(m-2)}{1 \cdot 2}\dfrac{d^2 a_1}{dx^2} - q_1(m-2)\dfrac{da_1}{dx} - q_2 a_1, \\[2mm]
\ldots\ldots\ldots\ldots\ldots\ldots\ldots\ldots\ldots\ldots\ldots\ldots\ldots\ldots\ldots\ldots\ldots , \\[2mm]
p_m = -\dfrac{d^{m-1} a_1}{dx^{m-1}} - q_1 \dfrac{d^{m-2} a_1}{dx^{m-2}} - q_2 \dfrac{d^{m-3} a_1}{dx^{m-3}} - \ldots - q_{m-2}\dfrac{da_1}{dx} - q_{m-1} a_1.
\end{cases}
$$

Si donc on part de l'expression A_m, et qu'on veuille former successivement les expressions

$$A_m A_{m-1}, \quad A_m A_{m-1} A_{m-2}, \quad \ldots, \quad A_m A_{m-1} \ldots A_2 A_1,$$

on saura, par les formules (1), de quels termes il faut augmenter chaque coefficient dans le passage d'une expression à la suivante, et l'on en déduit aisément les valeurs des coefficients p :

$$(2) \quad \begin{cases} p_1 = -(a_1 + a_2 + \ldots + a_m), \\[2mm] p_2 = \sum a_i a_j - (m-1)\dfrac{da_1}{dx} - (m-2)\dfrac{da_2}{dx} - (m-3)\dfrac{da_3}{dx} - \ldots - \dfrac{da_{m-1}}{dx}, \\[2mm] p_3 = -\sum a_i a_j a_k - \left[\dfrac{(m-1)(m-2)}{1 \cdot 2}\dfrac{d^2 a_1}{dx^2} + \dfrac{(m-2)(m-3)}{1 \cdot 2}\dfrac{d^2 a_3}{dx^2} + \ldots \right] \\[2mm] \qquad + (m-2)(a_2 + a_3 + \ldots + a_m)\dfrac{da_1}{dx} + (m-3)(a_3 + \ldots + a_m)\dfrac{da_2}{dx} + \ldots \\[2mm] \qquad + a_1 \left[(m-2)\dfrac{da^2}{dx} + (m-3)\dfrac{da_3}{dx} + \ldots \right] + a_2 \left[(m-3)\dfrac{da_3}{dx} + \ldots \right] + \ldots \\[2mm] \qquad \ldots\ldots\ldots\ldots\ldots\ldots\ldots\ldots\ldots\ldots\ldots\ldots\ldots\ldots\ldots\ldots\ldots\ldots\ldots\ldots\ldots\ldots\ldots\ldots \end{cases}$$

On a donc ainsi les coefficients p exprimés à l'aide des coefficients a :

$$p_i = f_i(a_1, a_2, \ldots, a_m).$$

Ces coefficients a sont eux-mêmes des fonctions de v_1, v_2, ..., v_m, définies par les formules (1) du n° **72**.

Mais, si l'on substitue au système v_1, v_2, ..., v_m un autre système pareil, les fonctions f_i de x ne changeront pas, puisqu'elles sont toujours égales aux quantités p_i. Les fonctions f_1, f_2, ..., f_m des coefficients a des facteurs sont donc des invariants, en ce sens qu'elles restent égales à elles-mêmes, quel que soit x, quand on change le système v_1, v_2, ..., v_m.

Par exemple, la fonction

$$f_1 = -(a_1 + a_2 + \ldots + a_m),$$

c'est-à-dire

$$f_1 = -\frac{d \log v_1}{dx} - \frac{d \log(v_1 v_2)}{dx} - \ldots - \frac{d \log(v_1 v_2 \ldots v_m)}{dx} = -\frac{d \log(v_1^m v_2^{m-1} \ldots v_{m-1}^2 v_m)}{dx},$$

est égale à p_1, quel que soit le système v_1, v_2, ..., v_m. Et, en effet, on a vu au n° **5** que

$$v_1^m v_2^{m-1} \ldots v_{m-1}^2 v_m = e^{-\int p_1 dx},$$

car Δ est égal à $e^{-\int p_1 dx}$, d'après la proposition de M. Liouville, de sorte que

$$-\frac{d \log(v_1^m v_2^{m-1} \ldots v_{m-1}^2 v_m)}{dx} = p_1.$$

Remarquons aussi que, si a_1, a_2, ..., a_m sont constants, les formules (2) donnent pour les p des valeurs constantes

$$p_1 = -\sum a_i, \quad p_2 = +\sum a_i a_j, \quad p_3 = -\sum a_i a_j a_k, \quad \ldots,$$

qui sont celles des coefficients de l'équation algébrique

$$(x - a_1)(x - a_2)(x - a_3) \ldots (x - a_m) = 0,$$

ayant pour racines a_1, a_2, ..., a_m.

75. Considérant toujours l'équation différentielle $P = 0$, je me propose de multiplier toutes ses intégrales par $\dfrac{v}{w}$, v et w étant des fonctions de x.

Il est clair que j'atteindrai le but en faisant la substitution $y = \dfrac{w}{v}z$. L'équation $P\left(\dfrac{w}{v}z\right) = 0$ aura pour intégrales celles de $P(y) = 0$ multipliées par $\dfrac{v}{w}$. D'autre part, soit

$$y_1 = v_1, \quad y_2 = v_1\!\int v_2\,dx, \quad \ldots, \quad y_m = v_1\!\int v_2\,dx\!\int \ldots \int v_m\,dx$$

un système fondamental de $P(y) = 0$, et soit

$$P(y) = A_m A_{m-1} \ldots A_3 A_2 A_1$$

la décomposition corrélative de $P(y)$. Pour multiplier toutes les intégrales par $\dfrac{v}{w}$ il suffit évidemment de remplacer v_1 par $\dfrac{vv_1}{w}$. Or on a

$$a_i = \frac{d\log(v_1 v_2 \ldots v_i)}{dx};$$

d'où il suit que changer v_1 en $\dfrac{vv_1}{w}$ revient à ajouter à chaque coefficient a_i la quantité

$$\frac{d}{dx}\log\frac{v}{w} = \frac{d\log v}{dx} - \frac{d\log w}{dx},$$

et, par conséquent, l'équation

$$A'_m A'_{m-1} \ldots A'_3 A'_2 A'_1 = 0,$$

où

$$A'_i = \frac{dy}{dx} - \left(a_i + \frac{d\log v}{dx} - \frac{d\log w}{dx}\right)y,$$

aura pour intégrales celles de $P(y) = 0$ multipliées par $\dfrac{v}{w}$, c'est-à-dire les mêmes que $P\left(\dfrac{w}{v}z\right) = 0$.

On est donc conduit à l'identité suivante :

$$(1) \qquad \frac{v}{w}P\left(\frac{w}{v}y\right) = A'_m A'_{m-1} \ldots A'_2 A'_1,$$

avec les conditions

$$a'_i = a_i + \frac{d\log v}{dx} - \frac{d\log w}{dx}, \quad i = 1, 2, 3, \ldots, m.$$

Supposons en particulier

$$v = v_1, \quad w = 1;$$

nous aurons

$$\frac{d\log v}{dx} = a_1, \quad \frac{d\log w}{dx} = 0,$$

et par suite

$$(2) \qquad y_1 P\left(\frac{y}{y_1}\right) = A'_m A'_{m-1} \ldots A'_2 A'_1,$$

avec les conditions

$$a'_i = a_i + a_1, \quad i = 1, 2, 3, \ldots, m,$$

et l'on voit que, pour multiplier toutes les solutions de l'équation

$$A_m A_{m-1} \ldots A_2 A_1 = 0$$

par l'une d'elles, satisfaisant à $A_1 = 0$, il suffit d'ajouter a_1 à tous les coefficients a.

Supposons maintenant

$$v = 1, \quad w = v_1;$$

nous aurons l'identité

$$\text{(3)} \qquad \frac{1}{y_1} P(y_1 y) = A'_m A'_{m-1} \ldots A'_2 A'_1,$$

avec les conditions

$$a'_i = a_i - a_1, \quad i = 1, 2, 3, \ldots, m,$$

de sorte que A'_1 se réduit à $\dfrac{dy}{dx}$, et l'on voit que, pour diviser toutes les solutions de

$$A_m A_{m-1} \ldots A_2 A_1 = 0$$

par l'une d'elles, annulant A_1, il suffit de retrancher a_1 à tous les coefficients a.

76. En 1874, M. Vincent a publié un travail[1] sur les analogies entre les équations différentielles linéaires et les équations algébriques. « J'ai été conduit, dit M. Vincent, à faire porter le raisonnement, non pas sur les solutions particulières, mais sur leurs dérivées logarithmiques $\dfrac{1}{y}\dfrac{dy}{dx}$. » C'est qu'en effet, comme je l'ai montré au n° **73**, ces dérivées ont une signification remarquable, mise en évidence par la décomposition en facteurs premiers symboliques, et qui fait pressentir tout l'avantage qu'on peut retirer de leur emploi direct. Les dérivées logarithmiques des solutions de l'équation $P = 0$ ne sont autres que les valeurs du coefficient du dernier facteur symbolique dans les différentes décompositions du premier membre P. Dès lors, toutes les analogies signalées par M. Vincent deviennent encore plus sensibles.

Étant donnée une équation algébrique $F(y) = 0$, dont le premier membre est décomposé en facteurs premiers,

$$F(y) = (y - \alpha_m)(y - \alpha_{m-1}) \ldots (y - \alpha_2)(y - \alpha_1),$$

lorsqu'on veut la débarrasser d'une racine α_1, on supprime le facteur $y - \alpha_1$. De même, étant donnée l'équation différentielle $P(y) = 0$, dont le premier membre est décomposé en facteurs premiers symboliques,

$$P = A_m A_{m-1} \ldots A_2 A_1,$$

pour la débarrasser d'une intégrale particulière $y_1 = v_1$, qui est en même temps solution de $A_1 = 0$, il suffira de barrer le dernier facteur A_1. Si

$$y_1 = v_1, \quad y_2 = v_1\!\int v_2 \, dx, \quad \ldots, \quad y_m = v_1\!\int v_2 \, dx\!\int \ldots \int v_m \, dx$$

est le système fondamental corrélatif de la décomposition considérée, l'équation différentielle linéaire, homogène, d'ordre $m - 1$,

$$A_m A_{m-1} \ldots A_3 A_2 = 0,$$

____

[1] Première Thèse, présentée à la Faculté de Rennes, année 1874.

admettra le système fondamental

$$v_1 v_2, \quad v_1 v_2 \textstyle\int v_3 \, dx, \quad \ldots, \quad v_1 v_2 \textstyle\int v_3 \, dx \textstyle\int \ldots \textstyle\int v_m \, dx,$$

c'est-à-dire

$$y_1 \frac{d}{dx} \frac{y_2}{y_1}, \quad y_1 \frac{d}{dx} \frac{y_3}{y_1}, \quad \ldots, \quad y_1 \frac{d}{dx} \frac{y_m}{y_1}.$$

Connaissant la racine α_1 de l'équation algébrique $F = 0$, on peut encore abaisser le degré de cette équation en égalant le facteur $y - \alpha_1$ à t, c'est-à-dire en diminuant les racines de α_1 ; l'équation en t admet alors la racine $t = 0$, dont on la débarrasse. De même, connaissant l'intégrale particulière y_1 de l'équation différentielle $P = 0$, on abaissera l'ordre de cette équation en égalant à $\dfrac{dt}{dx}$ le dernier facteur A_1, qui est annulé par y_1 ; l'équation en t admettant alors la solution $\dfrac{dt}{dx} = 0$, on prendra pour inconnue $\dfrac{dt}{dx} = z$, ce qui, en somme, revient à poser

$$\frac{dy}{dx} - \frac{1}{y_1} \frac{dy_1}{dx} y = z.$$

Nous obtiendrons évidemment ainsi l'équation

$$A_m A_{m-1} \ldots A_3 A_2 = 0$$

et, par conséquent, la même équation que précédemment. Au surplus, la relation

$$\frac{dy}{dx} - \frac{1}{y_1} \frac{dy_1}{dx} y = z,$$

qu'on peut écrire

$$z = y_1 \frac{y_1 \dfrac{dy}{dx} - y \dfrac{dy_1}{dx}}{y_1^2} = y_1 \frac{d}{dx} \frac{y}{y_1},$$

montre que l'équation obtenue par ce second procédé doit admettre les intégrales

$$y_1 \frac{d}{dx} \frac{y_2}{y_1}, \quad y_1 \frac{d}{dx} \frac{y_3}{y_1}, \quad \ldots, \quad y_1 \frac{d}{dx} \frac{y_m}{y_1}.$$

Ainsi donc, étant donnée l'expression différentielle P, qui est annulée par y_1, si l'on pose

$$\frac{dy}{dx} - a_1 y = z,$$

y_1 satisfaisant à l'équation

$$A_1 = \frac{dy}{dx} - a_1 y = 0,$$

on obtiendra l'expression différentielle linéaire, homogène, d'ordre $m - 1$,

$$A_m A_{m-1} \ldots A_3 A_2,$$

$A_m A_{m-1} \ldots A_3 A_2 A_1$ étant une décomposition de P en facteurs premiers symboliques.

De même, si l'on connaît une solution particulière de l'équation transformée

$$A_m A_{m-1} \ldots A_3 A_2 = 0$$

annulant A_2, on abaissera l'ordre de cette équation en prenant pour inconnue A_2, ce qui revient à barrer A_2, et ainsi de suite.

Inversement, lorsqu'on voudra introduire une nouvelle solution y_0 dans l'équation $P(y) = 0$, on fera la substitution

$$y = \frac{dz}{dx} - a_0 z = A_0,$$

a_0 désignant la dérivée logarithmique de cette solution, et si l'on a

$$P = A_m A_{m-1} \ldots A_3 A_2 A_1,$$

l'équation nouvelle sera

$$A_m A_{m-1} \ldots A_3 A_2 A_1 A_0 = 0.$$

Elle admettra pour intégrales

$$y_0, \quad y_0 \int \frac{y_1}{y_0}\, dx, \quad y_0 \int \frac{y_2}{y_0}\, dx, \quad \ldots, \quad y_0 \int \frac{y_m}{y_0}\, dx,$$

ce qu'on peut écrire

$$e^{\int a_0\, dx}, \quad e^{\int a_0\, dx}\!\int y_1 e^{-\int a_0\, dx}\, dx, \quad \ldots, \quad e^{\int a_0\, dx}\!\int y_m e^{-\int a_0\, dx}\, dx.$$

77. Si je considère l'équation différentielle

$$A_m A_{m-1} \ldots A_3 A_2 = \frac{d^{m-1}y}{dx^{m-1}} + q_1 \frac{d^{m-2}y}{dx^{m-2}} + \ldots + q_{m-1}y = 0,$$

et si, appliquant la méthode précédente, j'introduis une solution de $A_1 = 0$, j'obtiendrai l'équation

$$A_m A_{m-1} \ldots A_3 A_2 A_1 = \frac{d^m y}{dx^m} + p_1 \frac{d^{m-1}y}{dx^{m-1}} + \ldots + p_m y = 0.$$

Les formules (1) du n° **74** font connaître les valeurs des nouveaux coefficients p en fonction de a_1 et des coefficients q.

Réciproquement, si je débarrasse l'équation

$$A_m A_{m-1} \ldots A_2 A_1 = 0$$

de la solution de $A_1 = 0$, en supprimant le facteur A_1, j'obtiendrai l'équation

$$A_m A_{m-1} \ldots A_3 A_2 = 0,$$

dont les coefficients q seront donnés par les mêmes formules (1) du n° **74**, résolues par rapport à $q_1, q_2, \ldots, q_m$:

$$(1) \quad \begin{cases} q_1 = a_1 + p_1, \\[2mm] q_2 = q_1 a_1 + p_2 + (m-1)\dfrac{da_1}{dx}, \\[2mm] q_3 = q_2 a_1 + p_3 + \dfrac{(m-1)(m-2)}{1 \cdot 2} \dfrac{d^2 a_1}{dx^2} + q_1(m-2)\dfrac{da_1}{dx}, \\[2mm] \cdots\cdots\cdots\cdots\cdots\cdots\cdots\cdots\cdots\cdots\cdots\cdots\cdots\cdots\cdots \end{cases}$$

On voit donc que les termes indépendants des dérivées de a_1 se déduisent les uns des autres comme les coefficients du quotient d'un polynôme par $y - a_1$, de sorte que, si a_1 est constant, les coefficients q sont ceux du quotient du polynôme

$$y^m + p_1 y^{m-1} + p_2 y^{m-2} + \ldots + p_m$$

par $y - a_1$.

78. Le mode de transformation de l'équation $P = 0$, propre à abaisser son ordre d'une unité quand on en connaît une solution particulière y_1, et qui consiste à poser

$$\frac{dy}{dx} - \frac{1}{y_1}\frac{dy_1}{dx}y = z,$$

diffère du procédé ordinairement usité, où l'on pose

$$y = y_1\!\int z\,dx.$$

Il existe une relation simple entre les deux procédés. L'égalité $y = y_1 \int z\,dx$ donne, en effet,

$$z = \frac{d}{dx}\,\frac{y}{y_1},$$

tandis que la substitution $\dfrac{dy}{dx} - \dfrac{1}{y_1}\dfrac{dy_1}{dx}y = z$ conduit à

$$z = y_1\frac{d}{dx}\,\frac{y}{y_1}.$$

Donc les intégrales de l'équation $A_m A_{m-1}\ldots A_3 A_2 = 0$, obtenue par l'une des deux méthodes, sont égales à celles de l'équation $P(y_1\!\int z\,dx) = 0$, obtenue par l'autre, multipliées par y_1.

Je vais conclure de là deux identités, en ramenant les deux équations à avoir les mêmes intégrales.

Si je multiplie par y_1 les solutions de $P(y_1\!\int z\,dx) = 0$, ce qui se fait en changeant z en $\dfrac{z}{y_1}$, comme le premier coefficient de $P\left(y_1 \displaystyle\int \frac{z}{y_1}\,dx\right)$ est l'unité, j'aurai l'identité

$$(1) \qquad P\left(y_1 \int \frac{y}{y_1}\,dx\right) = A_m A_{m-1}\ldots A_3 A_2.$$

Si je divise maintenant par y_1 les solutions de $A_m A_{m-1}\ldots A_3 A_2 = 0$, ce qui se fait (n° **75**) en retranchant a_1 à tous les coefficients $a_m, a_{m-1}, \ldots, a_3, a_2$, comme le premier coefficient de $P(y_1\!\int z\,dx)$ est y_1, j'aurai la seconde identité

$$(2) \qquad \frac{1}{y_1}P(y_1\!\int y\,dx) = A'_m A'_{m-1}\ldots A'_3 A'_2,$$

où l'on a

$$a'_i = a_i - a_1, \quad \ldots, \quad i = 2, 3, \ldots, m.$$

Remarquons que, si dans l'équation

$$P\left(y_1 \int \frac{y}{y_1}\,dx\right) = A_m A_{m-1}\ldots A_3 A_2 = 0$$

on remplace y_1 par sa valeur $y_1 = e^{\int a_1\,dx}$, et si l'on pose $y = e^{\int u_2\,dx}$, elle deviendra

$$P(e^{\int a_1\,dx}\!\int e^{\int (u_2 - a_1)\,dx}\,dx) = 0$$

et coïncidera, par conséquent, avec l'équation en u_2 du n° **73**, et les équations en u_1, $u_2, \ldots, u_m$ du dit numéro, qui déterminent $a_1, a_2, \ldots, a_m$, se déduisent des équations linéaires et homogènes

$$A_m A_{m-1}\ldots A_2 A_1 = 0, \quad A_m A_{m-1}\ldots A_2 = 0, \quad \ldots, \quad A_m A_{m-1} = 0, \quad A_m = 0,$$

en posant successivement, dans la première, $y = e^{\int u_1\,dx}$; dans la deuxième, $y = e^{\int u_2\,dx}$; dans la troisième, $y = e^{\int u_3\,dx}$, etc.

79. Étant donnée une équation algébrique admettant la racine y_1, pour que l'équation obtenue en supprimant le facteur $y - y_1$ admette encore la racine y_1, il faut et il suffit que y_1 satisfasse à l'équation dérivée.

De même, étant donnée l'équation différentielle

$$P(y) = \frac{d^m y}{dx^m} + p_1 \frac{d^{m-1} y}{dx^{m-1}} + \ldots + p_m y = 0,$$

qui admet la solution y_1 annulant A_1, pour que l'équation obtenue en barrant le dernier facteur A_1 dans

$$P = A_m A_{m-1} \ldots A_2 A_1 = 0$$

admette encore la solution y_1, il faut et il suffit que y_1 satisfasse à l'équation

$$m \frac{d^{m-1} y}{dx^{m-1}} + (m - 1)p_1 \frac{d^{m-2} y}{dx^{m-2}} + \ldots + 2p_{m-2} \frac{dy}{dx} + p_{m-1} y = 0.$$

En effet, l'identité (1) du numéro précédent montre que la condition pour que l'équation

$$A_m A_{m-1} \ldots A_3 A_2 = 0$$

soit vérifiée pour $y = y_1$ est que l'on ait

$$P\left(y_1 \int \frac{y_1}{y_1}\, dx \right) = 0 \quad \text{ou} \quad P(xy_1) = 0,$$

c'est-à-dire que $P = 0$ admette l'intégrale xy_1. Or, si nous exprimons cette condition, en tenant compte de $P(y_1) = 0$, nous trouvons

$$m \frac{d^{m-1} y_1}{dx^{m-1}} + (m + 1)p_1 \frac{d^{m-2} y_1}{dx^{m-2}} + \ldots + 2p_{m-2} \frac{dy_1}{dx} + p_{m-1} y_1 = 0.$$

80. La condition précédente, écrite sous la forme $P(xy_1) = 0$, fait voir que, pareillement, pour que l'équation obtenue en débarrassant

$$A_m A_{m-1} \ldots A_3 A_2 = 0$$

de la solution y_1 admette encore cette intégrale, il faut et il suffit que l'on ait

$$P\left(y_1 \int \frac{xy_1}{y_1}\, dx \right) = 0 \quad \text{ou} \quad P(x^2 y_1) = 0;$$

et, généralement, la condition nécessaire et suffisante pour que y_1 soit solution de l'équation $P = 0$ et des $n - 1$ équations qui se déduisent successivement l'une de l'autre en posant

$$\frac{dy}{dx} - \frac{1}{y_1} \frac{dy_1}{dx} = z$$

est que $P = 0$ admette les n intégrales

$$y_1, \; xy_1, \; x^2 y_1, \; \ldots, \; x^{n-1} y_1.$$

Ces solutions, en progression géométrique de raison x, ont été appelées par M. Brassine solutions *conjuguées*. L'analogue d'une équation algébrique ayant n racines égales est donc une équation différentielle linéaire ayant n solutions conjuguées.

Lorsque l'équation différentielle $P = 0$ *admet* n *solutions conjuguées, on peut décomposer le premier membre* P *en* m *facteurs premiers symboliques dont les* n *derniers seront égaux.*

Soit, en effet,

$$y_1 = v_1, \quad y_2 = xv_1, \quad y_3 = x^2 v_1, \quad \ldots, \quad y_n = x^{n-1} v_1, \quad y_{n+1}, \quad \ldots, \quad y_m$$

un système fondamental de $P = 0$, et soit

$$P = A_m A_{m-1} \ldots A_n \ldots A_2 A_1$$

la décomposition corrélative de P. Elle jouira de la propriété énoncée, car, si l'on calcule v_2, v_3, $\ldots$, v_n par les formules

$$y_1 = v_1, \quad y_2 = v_1 \!\int v_2 \, dx, \quad \ldots, \quad y_n = v_1 \!\int v_2 \, dx \!\int \ldots \!\int v_n \, dx,$$

on trouve successivement

$$v_2 = 1, \quad v_3 = 2, \quad v_4 = 3, \quad \ldots, \quad v_n = n - 1,$$

de sorte que l'on a

$$a_i = \frac{d \log(v_1 v_2 \ldots v_i)}{dx} = \frac{d \log[1 \cdot 2 \cdot 3 \ldots (i-1) v_1]}{dx} = \frac{d \log v_1}{dx},$$

ou

$$a_i = a_1, \quad i = 2, 3, \ldots, n.$$

La démonstration pourrait d'ailleurs se conclure de ce fait que l'expression $A_m A_{m-1} \ldots A_3 A_2$, devant encore s'annuler pour $y = y_1$, peut se mettre sous la forme

$$A'_m A'_{m-1} \ldots A'_3 A_1.$$

Réciproquement, *si l'expression* P *est décomposable en* m *facteurs premiers symboliques dont les* n *derniers sont égaux, l'équation* $P = 0$ *admettra* n *solutions conjuguées.*

Si, en effet, on forme le système fondamental corrélatif de la décomposition $A_m A_{m-1} \ldots A_2 A_1$, savoir :

$$y_1 = v_1, \quad y_2 = v_1 \!\int v_2 \, dx, \quad \ldots, \quad y_m = v_1 \!\int v_2 \, dx \!\int \ldots \!\int v_m \, dx,$$

on voit immédiatement que v_2, v_3, $\ldots$, v_n, étant donnés par les formules (n° **72**)

$$v_2 = e^{\int (a_2 - a_1) \, dx}, \quad v_3 = e^{\int (a_3 - a_2) \, dx}, \quad \ldots, \quad v_n = e^{\int (a_n - a_{n-1}) \, dx},$$

où l'on a

$$a_1 = a_2 = a_3 = \ldots = a_n,$$

sont des constantes, d'où il résulte que y_1, y_2, $\ldots$, y_n, sont de la forme

$$y_1 = v_1, \quad y_2 = xv_1, \quad y_2 = x^2 v_1, \quad \ldots, \quad y_n = x^{n-1} v_1.$$

Nous avons vu une vérification de cette réciproque au n° **73**, pour l'équation du second ordre.

On peut aisément se rendre compte de ce qui a lieu pour une équation

$$A_m A_{m-1} \ldots A_2 A_1 = 0,$$

où n facteurs consécutifs sont égaux, mais non plus les derniers. Supposons, par exemple,

$$A_{n+1} = A_n = A_{n-1} = \ldots = A_2.$$

L'équation

$$A_m A_{m-1} \ldots A_3 A_2 = 0$$

admet alors les n solutions conjuguées

$$v_1 v_2, \; x v_1 v_2, \; x^2 v_1 v_2, \; \ldots, \; x^{n-1} v_1 v_2.$$

Donc (n° **76**) la proposée admettra les n intégrales

$$y_2 = v_1 \textstyle\int v_2\, dx, \quad y_3 = v_1 \textstyle\int x v_2\, dx, \quad y_4 = v_1 \textstyle\int x^2 v_2\, dx, \quad \ldots, \quad y_{n+1} = v_1 \textstyle\int x^{n-1} v_2\, dx,$$

qui sont telles qu'on a

$$\frac{d}{dx}\frac{y_2}{v_1} = v_2, \quad \frac{d}{dx}\frac{y_3}{v_1} = x v_2, \quad \ldots, \quad \frac{d}{dx}\frac{y_{n+1}}{v_1} = x^{n-1} v_2.$$

Ce sont ces dérivées qui sont conjuguées et non plus les solutions elles-mêmes.

81. Je me propose à présent de décomposer l'expression différentielle

$$P(y) = \frac{d^m y}{dx^m} + p_1 \frac{d^{m-1} y}{dx^{m-1}} + \ldots + p_m y$$

en facteurs premiers symboliques, dans les deux cas particuliers où l'équation $P = 0$ est intégrable, savoir

$$p_i = \frac{R_i}{(rx + s)^i}, \quad p_i = R_i,$$

R_i, r et s étant des constantes.

Considérons d'abord l'expression

$$P(y) = \frac{d^m y}{dx^m} + \frac{R_1}{rx + s}\frac{d^{m-1} y}{dx^{m-1}} + \frac{R_2}{(rx + s)^2}\frac{d^{m-2} y}{dx^{m-2}} + \ldots + \frac{R_m}{(rx + s)^m} y,$$

que je veux mettre sous la forme

$$P = A_m A_{m-1} \ldots A_2 A_1.$$

On sait que, si ρ_1, ρ_2, ..., ρ_m sont les racines de l'équation algébrique

$$r^m \rho(\rho - 1)\ldots(\rho - m + 1) + R_1 r^{m-1}\rho(\rho - 1)\ldots(\rho - m + 2) + \ldots$$
$$+ R_{m-2} r^2 \rho(\rho - 1) + R_{m-1} r\rho + R_m = 0,$$

obtenue en posant $y = (rx + s)^\rho$ dans $P(y) = 0$, l'équation $P = 0$ admet les intégrales

$$(rx + s)^{\rho_1}, \quad (rx + s)^{\rho_2}, \quad \ldots, \quad (rx + s)^{\rho_m},$$

qui, en général, sont linéairement indépendantes. Connaissant ces intégrales, j'en déduis facilement v_1, v_2, ..., v_m par les formules

$$(rx + s)^{\rho_1} = v_1, \quad (rx + s)^{\rho_2} = v_1 \textstyle\int v_2\, dx, \quad \ldots, \quad (rx + s)^{\rho_m} = v_1 \textstyle\int v_2\, dx \textstyle\int \ldots \textstyle\int v_m\, dx,$$

et je trouve

$$v_1 = (rx+s)^{\rho_1}, v_2 = (rx+s)^{\rho_2-\rho_1-1}, v_3 = (rx+s)^{\rho_3-\rho_2-1}, \ldots, v_m = (rx+s)^{\rho_m-\rho_{m-1}-1},$$

à des facteurs constants près. On a donc, à un facteur constant près,

$$v_1 v_2 \ldots v_i = (rx+s)^{\rho_i-i+1}, \quad i = 1, 2, 3, \ldots, m,$$

et, par suite, en prenant les dérivées logarithmiques,

$$a_1 = \frac{\rho_1 r}{rx+s}, \quad a_2 = \frac{(\rho_2-1)r}{rx+s}, \quad a_3 = \frac{(\rho_3-2)r}{rx+s}, \quad \ldots, \quad a_m = \frac{(\rho_m-m+1)r}{rx+s}.$$

Ainsi, l'expression P est décomposable en facteurs premiers symboliques de la forme

$$A_i = \frac{dy}{dx} - \frac{k_i}{rx+s}\, y,$$

où k_i est une constante égale à $(\rho_i - i + 1)r$.

Réciproquement, toute expression composée de facteurs premiers symboliques tels que

$$\frac{dy}{dx} - \frac{k_i}{rx+s}y,$$

k_i étant constant, sera de la forme P, où

$$p_i = \frac{R_i}{(rx+s)^i}.$$

C'est en effet ce qui résulte immédiatement des formules (2) du n° **74**.

Lorsqu'on a $\rho_1 = \rho_2 = \ldots = \rho_n$, on voit sans peine que la décomposition donne les intégrales

$$(rx+s)^{\rho_1}, \quad (rx+s)^{\rho_1}\log(rx+s), \quad \ldots, \quad (rx+s)^{\rho_1}\log^{n-1}(rx+s),$$

et, lorsqu'on a $\rho_1 = \rho_2 - 1 = \rho_3 - 2 = \ldots = \rho_n - n + 1$, elle donne les solutions

$$(rx+s)^{\rho_1}, \quad (rx+s)^{\rho_1+1}, \quad (rx+s)^{\mu_1+2}, \quad \ldots, \quad (rx+s)^{\rho_1+n-1},$$

équivalentes évidemment aux solutions conjuguées

$$(rx+s)^{\rho_1}, \quad x(rx+s)^{\rho_1}, \quad \ldots, \quad x^{n-1}(rx+s)^{\rho_1},$$

ce qui devait être d'après le numéro précédent ; de sorte que, quand l'équation algébrique en ρ a n racines en progression arithmétique de raison 1, l'équation différentielle a n solutions en progression géométrique de raison x.

82.   Je considère maintenant l'expression

$$P(y) = \frac{d^m y}{dx^m} + p_1 \frac{d^{m-1}y}{dx^{m-1}} + \ldots + p_m y$$

dans le cas où les coefficients p_1, p_2, ..., p_m sont constants. C'est ici que l'analogie de l'équation $P = 0$ avec une équation algébrique va se présenter de la manière la plus complète.

Il a été établi au n° **74** que, si l'on effectue la composition des facteurs

$$A_m A_{m-1} \ldots A_3 A_2 A_1,$$

dont les coefficients a sont constants, on obtient une expression différentielle dont les coefficients ont pour valeurs

$$-\sum a_i, \quad +\sum a_i a_j, \quad -\sum a_i a_j a_k, \quad \ldots,$$

de sorte que ces coefficients sont eux-mêmes constants. Inversement, les coefficients p_1, p_2, ..., p_m étant constants, si l'on détermine les a par les formules

$$p_1 = -\sum a_i, \quad p_2 = +\sum a_i a_j, \quad p_3 = -\sum a_i a_j a_k, \quad \ldots,$$

on obtiendra des valeurs constantes qui sont les racines de l'équation algébrique

$$\rho^m + p_1\rho^{m-1} + p_2\rho^{m-2} + \ldots + p_m = 0,$$

obtenue en posant $y = e^{\rho x}$ dans $\mathrm{P}(y) = 0$.

Donc, toute expression telle que P est décomposable (n° **44**) en m facteurs premiers symboliques à coefficients constants, ces coefficients étant les racines du polynôme

$$e^{-\rho x}\mathrm{P}(e^{\rho x}).$$

Remarquons que les coefficients p sont des fonctions symétriques des coefficients a ; d'où cette proposition :

Dans une expression composée de facteurs premiers symboliques à coefficients constants, on peut intervertir d'une manière quelconque l'ordre des facteurs sans altérer les coefficients de l'expression résultante.

Il résulte de là que :

Pour qu'une expression composée de facteurs premiers symboliques à coefficients constants soit nulle, il suffit qu'un de ces facteurs soit nul, ou, plus généralement, qu'une expression composée de plusieurs de ces facteurs soit nulle.

Car, si $A_8 A_6 A_3$, par exemple, est nul, l'expression proposée, pouvant s'écrire $A_m A_{m-1} \ldots A_1 A_8 A_6 A_3$, sera elle-même nulle.

Ce dernier théorème donne immédiatement l'intégrale générale de l'équation $\mathrm{P} = 0$.

En effet, si les facteurs A sont inégaux, en les égalant séparément à zéro, nous obtenons m solutions linéairement indépendantes

$$e^{\alpha_1 x}, \; e^{\alpha_2 x}, \; e^{\alpha_3 x}, \; \ldots, \; e^{\alpha_m x},$$

Si maintenant α_1 facteurs sont égaux à A_1, α_2 à A_2, ..., α_n à A_n, de telle sorte que

$$\alpha_1 + \alpha_2 + \ldots + \alpha_n = m,$$

égalons séparément à zéro ces n groupes de facteurs égaux

$$A_1 A_1 \ldots A_1 = 0, \quad A_2 A_2 \ldots A_2 = 0, \quad \ldots, \quad A_n A_n \ldots A_n = 0;$$

il résulte du n° **80** que ces n équations ont chacune toutes leurs solutions conjuguées et égales respectivement à

$$e^{\alpha_1 x}, \; xe^{\alpha_1 x}, \; \ldots, \; x^{\alpha_1-1}e^{\alpha_1 x},$$
$$\ldots\ldots\ldots\ldots\ldots\ldots\ldots\ldots,$$
$$e^{\alpha_n x}, \; xe^{\alpha_n x}, \; \ldots, \; x^{\alpha_n-1}e^{\alpha_n x}.$$

Nous avons donc encore ici m intégrales, et elles sont linéairement indépendantes.

83. Soit une expression différentielle

$$A_m A_{m-1} \ldots A_2 A_1$$

composée de m facteurs premiers symboliques, et soit

$$P(y) = \frac{d^m y}{dx^m} + p_1 \frac{d^{m-1} y}{dx^{m-1}} + \ldots + p_m y$$

ce qu'elle devient quand on effectue la composition des facteurs A. Lorsqu'on pourra intervertir d'une manière quelconque l'ordre de ces facteurs sans altérer les coefficients $p_1, p_2, \ldots, p_m$ de l'expression résultante, on dira que ces facteurs sont *commutatifs*. En adoptant successivement deux dispositions différentes pour les facteurs, puis effectuant dans chaque cas les opérations, on obtiendra deux expressions différentielles identiques, c'est-à-dire que les coefficients des dérivées de même ordre, dans les deux expressions, seront égaux.

Nous avons vu qu'une expression différentielle linéaire, à coefficients constants, peut se décomposer en facteurs commutatifs. Je vais étudier d'une manière générale les expressions linéaires homogènes qui sont décomposables en facteurs premiers symboliques commutatifs.

84. Considérons l'expression différentielle

$$A_m A_{m-1} \ldots A_3 A_2 A_1,$$

et comparons-la à l'expression

$$A_{m-1} A_m \ldots A_3 A_2 A_1.$$

J'effectue les opérations $A_{m-2} A_{m-3} \ldots A_2 A_1$, et je pose

$$A_{m-2} A_{m-3} \ldots A_2 A_1 = A.$$

On a

$$A_m A_{m-1} A = \frac{d^2 A}{dx^2} - (a_{m-1} + a_m) \frac{dA}{dx} + \left(a_{m-1} a_m - \frac{da_{m-1}}{dx} \right) A,$$

$$A_{m-1} A_m A = \frac{d^2 A}{dx^2} - (a_{m-1} + a_m) \frac{dA}{dx} + \left(a_{m-1} a_m - \frac{da_m}{dx} \right) A.$$

Si donc $\dfrac{da_m}{dx}$ et $\dfrac{da_{m-1}}{dx}$ sont égaux, c'est-à-dire si $a_m - a_{m-1}$ est constant, les deux expressions $A_m A_{m-1} A$ et $A_{m-1} A_m A$ seront identiques, et, réciproquement, si $A_m A_{m-1} A$ et $A_{m-1} A_m A$ sont identiques, la différence

$$A_m A_{m-1} A - A_{m-1} A_m A = \left(\frac{da_m}{dx} - \frac{da_{m-1}}{dx} \right) A$$

devant alors être nulle identiquement, comme A ne l'est pas,

$$\frac{da_m}{dx} - \frac{da_{m-1}}{dx}$$

sera nul et $a_m - a_{m-1}$ sera constant.

D'où cette proposition :

Pour que, dans une expression différentielle composée de facteurs premiers symboliques, on puisse intervertir les deux premiers, il faut et il suffit que les coefficients de ces deux facteurs diffèrent par une constante.

Comparons maintenant les deux expressions

$$A_m A_{m-1} A_{m-2} A_{m-3} A_{m-4} \ldots A_1 \quad \text{et} \quad A_m A_{m-1} A_{m-3} A_{m-2} A_{m-4} \ldots A_1.$$

Si les coefficients a_{m-2} et a_{m-3} diffèrent par une constante, d'après le théorème précédent,

$$A_{m-2} A_{m-3} A_{m-4} \ldots A_1 \quad \text{et} \quad A_{m-3} A_{m-2} A_{m-4} \ldots A_1$$

seront identiques, et, par suite, il en sera de même des deux expressions considérées. Inversement, je dis que, si ces deux dernières expressions sont identiques,

$$A_{m-2} A_{m-3} A_{m-4} \ldots A_1 = S \quad \text{et} \quad A_{m-3} A_{m-2} A_{m-4} \ldots A_1 = T$$

seront aussi identiques, et, par conséquent, a_{m-2} et a_{m-3} différeront par une constante. En effet, la différence

$$A_m A_{m-1} S - A_m A_{m-1} T = A_m A_{m-1} (S - T)$$

est alors identiquement nulle. Or on a

$$A_m A_{m-1}(S - T) = \frac{d^2(S - T)}{dx^2} - (a_{m-1} + a_m)\frac{d(S - T)}{dx} + \left(a_{m-1} a_m - \frac{da_{m-1}}{dx}\right)(S - T);$$

donc S et T sont identiques, car, sinon, soit $r\dfrac{d^n y}{dx^n}$ le premier terme qui ne disparaît pas dans la différence $S - T$; $A_m A_{m-1}(S - T)$ contiendrait le terme irréductible $r\dfrac{d^{n+2} y}{dx^{n+2}}$, et, par suite, ne serait pas identiquement nul.

On peut donc énoncer la proposition suivante :

Pour que, dans une expression différentielle composée de facteurs premiers symboliques, on puisse intervertir deux facteurs consécutifs, il faut et il suffit que les coefficients de ces deux facteurs diffèrent par une constante.

On en déduit la proposition générale :

Pour que, dans une expression différentielle composée de facteurs premiers symboliques, ces facteurs soient commutatifs, il faut et il suffit que les différences de leurs coefficients, pris deux à deux, soient des constantes.

85. Ces conditions, imposées aux coefficients des équations composantes, conduisent à des relations correspondantes entre leurs intégrales.

Considérons, en effet, les deux équations

$$\frac{dy}{dx} - a_n y = 0, \quad \frac{dy}{dx} - a_r y = 0,$$

et soient y_n et y_r leurs intégrales générales respectives. Si je pose dans la première $y = y_r z$, j'obtiens l'équation en z

$$\frac{dz}{dx} - (a_n - a_r)z = 0,$$

qui donne le rapport $\dfrac{y_n}{y_r}$ des deux intégrales. Or, si $a_n - a_r$ est constant, elle donne $z = Ce^{\alpha x}$, α étant constant comme C, et inversement, si z est de cette forme, $a_n - a_r$

sera constant ; de sorte que dire que $a_n - a_r$ est constant revient à dire que le rapport $\frac{y_n}{y_r}$ est de la forme

$$\frac{y_n}{y_r} = Ce^{\alpha x},$$

d'où cette transformation de la proposition générale :

Pour que, dans une expression différentielle composée de facteurs premiers symboliques, ces facteurs soient commutatifs, il faut et il suffit que les rapports des intégrales des équations composantes, prises deux à deux, soient de la forme $Ce^{\alpha x}$, C et α étant des constantes.

86. Il est clair qu'une expression composée de facteurs premiers symboliques commutatifs sera nulle si l'un de ces facteurs est nul, ou, plus généralement, si une expression composée avec plusieurs de ces facteurs est nulle.

On déduirait de là, comme dans le cas des coefficients constants, l'intégrale générale de l'équation, intégrale qu'on peut d'ailleurs trouver de plusieurs façons, par exemple à l'aide des formules du n° **72** ; mais je la conclurai des considérations qui vont suivre.

Je me propose actuellement de trouver la forme des expressions différentielles

$$P(y) = \frac{d^m y}{dx^m} + p_1 \frac{d^{m-1} y}{dx^{m-1}} + \ldots + p_m y,$$

qui sont décomposables en facteurs premiers symboliques commutatifs.

Remarquons d'abord que les coefficients p seront nécessairement des fonctions symétriques des coefficients a des facteurs commutatifs. On calculerait ces fonctions par les formules (2) du n° **74**, en y supposant

$$\frac{da_1}{dx} = \frac{da_2}{dx} = \ldots = \frac{da_m}{dx}.$$

Par exemple, on a

$$p_1 = -\sum a_i, \quad p_2 = \sum a_i a_j - \frac{m(m-1)}{2} \frac{da_1}{dx}.$$

Si l'expression P est décomposable en facteurs commutatifs, on a

$$P = A_m A_{m-1} \ldots A_1,$$

où les différences deux à deux des coefficients a sont constantes. Soit y_n une solution de l'une quelconque des équations composantes, de $A_n = 0$ par exemple : y_n sera une intégrale de $P = 0$. Or, l'identité (3) du n° **75** donne

$$\frac{1}{y_n} P(y_n y) = A'_m A'_{m-1} \ldots A'_2 A'_1,$$

avec les conditions

$$a'_i = a_i - a_n, \quad i = 1, 2, 3, \ldots, m.$$

Donc l'expression $\frac{1}{y_n} P(y_n y)$ a ses coefficients constants et est de la forme

$$\frac{1}{y_n} P(y_n y) = Q(y) = \frac{d^m y}{dx^m} + q_1 \frac{d^{m-1} y}{dx^{m-1}} + \ldots + q_{m-1} \frac{dy}{dx},$$

et, si je change y en $\dfrac{y}{y_n}$, j'aurai

$$P(y) = y_n Q\!\left(\frac{y}{y_n}\right).$$

Par conséquent, *toute expression* $P(y)$, *décomposable en facteurs commutatifs, est de la forme*

$$P(y) = y_n Q\!\left(\frac{y}{y_n}\right),$$

y_n étant une fonction de x, et $Q(y)$ une expression telle que

$$\frac{d^m y}{dx^m} + q_1 \frac{d^{m-1} y}{dx^{m-1}} + \ldots + q_{m-1} \frac{dy}{dx},$$

où les coefficients q sont constants.

Inversement, toute expression de la forme

$$P(y) = y_n Q\!\left(\frac{y}{y_n}\right)$$

est décomposable en facteurs commutatifs.

On a, en effet,

$$Q(y) = B_m B_{m-1} \ldots B_2 B_1,$$

où les coefficients b des facteurs sont constants. Or, l'identité (2) du n° **75** nous donne

$$y_n Q\!\left(\frac{y}{y_n}\right) = B'_m B'_{m-1} \ldots B'_2 B'_1,$$

avec les conditions

$$b'_i = b_i + \frac{d \log y_n}{dx}, \quad i = 1, 2, 3, \ldots, m.$$

Donc les coefficients b' des facteurs B' diffèrent deux à deux par des constantes, et, par suite, ces facteurs sont commutatifs.

La forme $y_n Q\!\left(\dfrac{y}{y_n}\right)$ est donc nécessaire et suffisante pour que $P(y)$ soit décomposable au moins en un système de facteurs commutatifs.

Il est facile de conclure de là l'intégrale générale de $P = 0$ dans ce cas. Soient, en effet, $w_1, w_2, \ldots, w_m$ les intégrales particulières de $Q(y) = 0$; l'une d'elles est constante, puisque $Q(y)$ ne renferme pas de terme en y, et les autres sont de la forme $x^i e^{x\rho}$. L'équation $Q\!\left(\dfrac{y}{y_n}\right) = 0$ ou $P(y) = 0$ admettra les intégrales linéairement indépendantes

$$y_n w_1, \ y_n w_2, \ \ldots, \ y_n w_m.$$

Donc, lorsque P est décomposable en facteurs commutatifs, si y_n désigne une fonction annulant l'un de ces m facteurs, l'équation $P = 0$ admet m intégrales linéairement indépendantes de la forme $y_n x^i e^{x\rho}$, en y comprenant y_n.

87. Cherchons la condition pour que l'expression du second ordre

$$P(y) = \frac{d^2 y}{dx^2} + p_1 \frac{dy}{dx} + p_2 y$$

soit décomposable en deux facteurs commutatifs

$$P = A_2 A_1.$$

Traitons la question directement. On a

$$A_2A_1 = \frac{d^2y}{dx^2} - (a_1 + a_2)\frac{dy}{dx} + \left(a_1a_2 - \frac{da_1}{dx}\right),$$

d'où les deux équations

$$a_1 + a_2 = -p_1, \quad a_1a_2 - \frac{da_1}{dx} = p_2,$$

avec la condition $\dfrac{da_1}{dx} = \dfrac{da_2}{dx}$. On en déduit

$$\frac{da_1}{dx} = \frac{da_2}{dx} = \frac{1}{2}\frac{d(a_1 + a_2)}{dx} = -\frac{1}{2}\frac{dp_1}{dx},$$

$$a_1a_2 = p_2 - \frac{1}{2}\frac{dp_1}{dx},$$

$$\left(\frac{a_1 - a_2}{2}\right)^2 = \frac{1}{2}\frac{dp_1}{dx} + \frac{p_1^2}{4} - p_2.$$

Or, la différence $a_1 - a_2$ doit être constante. Donc la condition nécessaire et suffisante est

$$\frac{1}{2}\frac{dp_1}{dx} + \frac{p_1^2}{4} - p_2 = \text{const.}$$

Lorsque la constante est nulle, les deux facteurs commutatifs sont évidemment égaux, et nous retrouvons bien la relation

$$\frac{1}{2}\frac{dp_1}{dx} + \frac{p_1^2}{4} - p_2 = 0,$$

trouvée au n° **73**.

88. La décomposition d'une expression différentielle linéaire et homogène en facteurs premiers symboliques a été étudiée, dans le cas des coefficients constants, par le géomètre français Brisson, qui en a déduit une ingénieuse méthode d'intégration des équations linéaires à coefficients constants, avec ou sans second membre. Cauchy a signalé la fécondité de cette méthode[2]. Je me propose de généraliser le procédé, qui s'étend aux équations linéaires à coefficients variables, en montrant comment il fournit l'intégrale générale d'une équation complète quand on connaît celle de l'équation privée du second membre.

Considérons l'équation linéaire

$$P(y) = \frac{d^m y}{dx^m} + p_1\frac{d^{m-1}y}{dx^{m-1}} + \ldots + p_m y = \varpi(x).$$

Par hypothèse, on connaît l'intégrale générale de l'équation privée du second membre : P = 0. On connaît donc toutes les décompositions possibles du premier membre en facteurs premiers symboliques. Soit

$$P = A_m A_{m-1} \ldots A_2 A_1$$

l'une d'elles. L'intégration de l'équation

$$(1) \qquad\qquad A_m A_{m-1} \ldots A_2 A_1 = \varpi(x)$$

---

[2] *Exercices mathématiques*, t. II, p. 169.

peut se ramener à celle d'un système de m équations simultanées, linéaires et du premier ordre.

En effet, si je pose

$$(2) \qquad\qquad \mathrm{A}_{m-1}\mathrm{A}_{m-2}\ldots\mathrm{A}_1 = u_m,$$

l'équation (1) s'écrira

$$\frac{du_m}{dx} - a_m u_m = \varpi(x);$$

si je pose de même

$$(3) \qquad\qquad \mathrm{A}_{m-2}\mathrm{A}_{m-3}\ldots\mathrm{A}_1 = u_{m-1},$$

l'équation (2) s'écrira

$$\frac{du_{m-1}}{dx} - a_{m-1} u_{m-1} = u_m,$$

et ainsi de suite. J'obtiens donc bien les m équations linéaires du premier ordre

$$\frac{du_m}{dx} - a_m \ u_m = \varpi(x),$$
$$\frac{du_{m-1}}{dx} - a_{m-1} u_{m-1} = u_m,$$
$$\frac{du_{m-2}}{dx} - a_{m-2} u_{m-2} = u_{m-1},$$
$$\ldots\ldots\ldots\ldots\ldots\ldots\ldots\ldots\ldots,$$
$$\frac{du_1}{dx} - a_1 u_1 = u_2,$$

qui devront être intégrées dans l'ordre où elles sont écrites, et où u_1 désigne y.

Observons que les valeurs de $u_1, u_2, u_3, \ldots$, déduites de ces équations, renfermeront en général des intégrales multiples. Soit z_i une solution de $\mathrm{A}_i = 0$,

$$z_i = e^{\int a_i\, dx}, \quad i = 1, 2, 3, \ldots, m,$$

la constante arbitraire dans $\int a_i\, dx$ ayant une valeur déterminée.

On aura successivement

$$u_m = z_m \int \frac{\varpi(x)}{z_m}\, dx,$$
$$u_{m-1} = z_{m-1} \int \frac{u_m}{z_{m-1}}\, dx = z_{m-1} \int \frac{z_m}{z_{m-1}}\, dx \int \frac{\varpi(x)}{z_m}\, dx,$$
$$u_{m-2} = z_{m-2} \int \frac{u_{m-1}}{z_{m-2}}\, dx = z_{m-2} \int \frac{z_{m-1}}{z_{m-2}}\, dx \int \frac{z_m}{z_{m-1}}\, dx \int \frac{\varpi(x)}{z_m}\, dx,$$
$$\ldots\ldots\ldots\ldots\ldots\ldots\ldots\ldots\ldots\ldots\ldots\ldots\ldots\ldots\ldots\ldots,$$
$$u_1 = y = z_1 \int \frac{u_2}{z_1}\, dx = z_1 \int \frac{z_2}{z_1}\, dx \int \frac{z_3}{z_2}\, dx \int \ldots \int \frac{\varpi(x)}{z_m}\, dx.$$

Il est facile de voir que, si les facteurs A sont commutatifs, on pourra toujours remplacer les intégrales multiples par des intégrales simples, en recourant à l'intégration par parties.

En effet, le rapport $\dfrac{z_i}{z_j}$ des solutions de deux équations composantes est alors (n° **85**) de la forme $Ce^{\alpha x}$, α étant constant, comme C. Or on a

$$\int \frac{z_m}{z_{m-1}}\, dx \int \frac{\varpi(x)}{z_m}\, dx = \int \frac{z_m}{z_{m-1}}\, dx \times \int \frac{\varpi(x)}{z_m}\, dx - \int \frac{\varpi(x)}{z_m}\, dx \int \frac{z_m}{z_{m-1}}\, dx,$$

d'où l'on tire

$$u_{m-1} = \frac{z_m}{\alpha} \int \frac{\varpi(x)}{z_m}\, dx - \frac{z_{m-1}}{\alpha} \int \frac{\varpi(x)}{z_{m-1}}\, dx.$$

La fonction u_{m-1} est donc exprimable par des intégrales simples, et il en sera de même de u_{m-2}, u_{m-3}, …, u_2 et de u_1 ou y. Cela est toujours vrai, en particulier, lorsque l'expression P est à coefficients constants.

La même réduction a lieu quand on a

$$p_i = \frac{R_i}{(rx + s)^i}, \quad i = 1,\, 2,\, 3,\, \ldots,\, m,$$

R_i étant constant, et généralement quand le rapport $\dfrac{z_i\, dx}{z_{i-1}}$ est intégrable.

89. Appliquons la méthode précédente à l'intégration de l'équation différentielle

$$P(y) = \frac{d^2 y}{dx^2} - \frac{r(\rho_1 + \rho_2 - 1)}{rx + s}\, \frac{dy}{dx} + \frac{r^2 \rho_1 \rho_2}{(rx + s)^2} y = \varpi(x),$$

où ρ_1, ρ_2, r et s sont des constantes, ρ_1 étant différent de ρ_2.

L'équation $P = 0$ admet les deux solutions linéairement indépendantes $(rx + s)^{\rho_1}$ et $(rx + s)^{\rho_2}$; on en conclut la décomposition de P en facteurs premiers symboliques

$$P = A_2 A_1,$$

où l'on a (n° **81**)

$$A_2 = \frac{dy}{dx} - \frac{(\rho_2 - 1)r}{rx + s} y,$$

$$A_1 = \frac{dy}{dx} - \frac{\rho_1 r}{rx + s} y.$$

Les équations $A_2 = 0$ et $A_1 = 0$ admettent d'ailleurs respectivement les deux solutions

$$z_2 = (rx + s)^{\rho_2 - 1}, \quad z_1 = (rx + s)^{\rho_1}.$$

Il s'agit d'intégrer le système

$$\frac{du_2}{dx} - \frac{(\rho_2 - 1)r}{rx + s}\, u_2 = \varpi(x),$$

$$\frac{du_1}{dx} - \frac{\rho_1 r}{rx + s}\, u_1 = u_2.$$

Or, l'intégrale générale de la première équation est

$$u_2 = (rx + s)^{\rho_2 - 1} \int \frac{\varpi(x)}{(rx + s)^{\rho_2 - 1}}\, dx;$$

on en conclut celle de la seconde

$$u_1 = y = (rx + s)^{\rho_1} \int (rx + s)^{\rho_2 - \rho_1 - 1} \, dx \int \frac{\varpi(x)}{(rx + s)^{\rho_2 - 1}} \, dx.$$

Chassons l'intégrale double en intégrant par parties, et nous obtenons l'intégrale générale de $P(y) = \varpi(x)$ sous la forme

$$y = \frac{(rx + s)^{\rho_1}}{r(\rho_1 - \rho_2)} \int \frac{\varpi(x)}{(rx + s)^{\rho_1 - 1}} \, dx + \frac{(rx + s)^{\rho_2}}{r(\rho_2 - \rho_1)} \int \frac{\varpi(x)}{(rx + s)^{\rho_2 - 1}} \, dx,$$

ce qu'on peut encore écrire

$$y = C_1 (rx + s)^{\rho_1} + C_2 (rx + s)^{\rho_2}$$
$$+ \frac{1}{r(\rho_1 - \rho_2)} \int \frac{\varpi(x)}{(rx + s)^{\rho_1 - 1}} \, dx + \frac{1}{r(\rho_2 - \rho_1)} \int \frac{\varpi(x)}{(rx + s)^{\rho_2 - 1}} \, dx,$$

C_1 et C_2 étant les deux constantes arbitraires.

SEPTIÈME PARTIE.

90. Dans cette dernière Partie, j'appliquerai la décomposition en facteurs premiers symboliques à l'étude des intégrales régulières. Comme nous le verrons, cette décomposition peut s'effectuer suivant des facteurs à coefficient monotrope, et la considération de ces facteurs permet d'établir simplement tous les théorèmes, en même temps qu'elle montre clairement l'origine de la différence qui existe souvent entre le degré de l'équation déterminante et le nombre des intégrales régulières linéairement indépendantes.

Je rappelle d'abord que, pour que l'équation du premier ordre

$$\frac{dy}{dx} - ay = 0,$$

où le coefficient a est une double série procédant suivant les puissances entières positives et négatives de x, et convergente dans le domaine du point singulier zéro, ait ses intégrales régulières, il faut et il suffit que ce coefficient soit de la forme

$$a = \frac{\alpha}{x},$$

α étant une fonction qui ne renferme dans son développement que des puissances positives de x et qui peut être nulle pour $x = 0$.

Quand cette condition est remplie, l'équation déterminante est du premier degré, et, si ρ est sa racine, les intégrales sont de la forme

$$x^{\rho} \psi(x),$$

la fonction $\psi(x)$ étant analogue à α, sauf qu'elle n'est certainement pas nulle pour $x = 0$. Quand la condition n'est pas remplie, a présentant néanmoins le caractère des fonctions rationnelles, l'équation déterminante est du degré zéro et les intégrales sont de la forme

$$e^{\frac{c_1}{x} + \frac{c_2}{x^2} + \ldots + \frac{c_\nu}{x^\nu}} x^\rho \psi(x),$$

$\nu + 1$ étant l'ordre infinitésimal de la valeur infinie que prend a pour $x = 0$.

Je désignerai, pour abréger, par *facteur régulier* un facteur premier symbolique tel que

$$\frac{dy}{dx} - \frac{\alpha}{x} y.$$

Il est évident, d'après les formules (2) du n° **74**, qu'une expression composée de m facteurs réguliers est de la forme

$$\frac{d^m y}{dx^m} + \frac{\mathrm{P}_1}{x} \frac{d^{m-1} y}{dx^{m-1}} + \frac{\mathrm{P}_2}{x^2} \frac{d^{m-2} y}{dx^{m-2}} + \ldots + \frac{\mathrm{P}_m}{x^m} y,$$

les fonctions P_i étant holomorphes dans le domaine du point zéro et pouvant être nulles pour $x = 0$. D'ailleurs, pour ramener une pareille expression à la forme normale, il suffira de la multiplier par x^m.

91. Nous avons démontré au n° **36** la proposition suivante, due à M. Fröbenius :

Si une expression différentielle est composée d'expressions différentielles de forme normale, elle a elle-même la forme normale, et sa fonction déterminante est le produit des fonctions déterminantes des expressions composantes.

Admettant ce théorème, je considérerai des expressions composantes, non plus de forme normale, mais de la forme

$$\frac{d^m y}{dx^m} + p_1 \frac{d^{m-1} y}{dx^{m-1}} + \ldots + p_m y,$$

où le premier coefficient est l'unité, les autres se développant en séries procédant suivant les puissances entières de x, mais ne contenant qu'un nombre limité de puissances négatives ; puis, l'expression résultante étant évidemment aussi de cette forme, je chercherai quelle relation existe, dans ce cas, entre sa fonction déterminante et celles des composantes. La relation est encore simple, comme je vais le montrer.

92. J'examine d'abord une expression P composée uniquement de facteurs réguliers

$$\mathrm{P} = \mathrm{A}_m \mathrm{A}_{m-1} \ldots \mathrm{A}_2 \mathrm{A}_1, \quad \mathrm{A}_i = \frac{dy}{dx} - \frac{\alpha_i}{x} y \quad (i = 1, 2, 3, \ldots, m).$$

Soit

$$y_1 = v_1, \quad y_2 = v_1 \!\int v_2 \, dx, \quad \ldots, \quad y_m = v_1 \!\int v_2 \, dx \!\int \ldots \int v_m \, dx$$

le système fondamental corrélatif de cette décomposition de P.

Comment doit-on modifier les facteurs A pour que leurs nouvelles expressions aient la forme normale et en même temps produisent, par leur composition, la forme normale $x^m \mathrm{P}$ de P ?

Je multiplie chaque facteur A par x, et je désigne par A'' les produits ; ces produits ont la forme normale. Si je les compose, l'expression résultante

$$\mathrm{P}'' = \mathrm{A}''_m \mathrm{A}''_{m-1} \ldots \mathrm{A}''_2 \mathrm{A}''_1,$$

égalée à zéro, admettra le système fondamental

$$v_1, \quad v_1 \int \frac{v_2}{x}\,dx, \quad v_1 \int \frac{v_2}{x}\,dx \int \frac{v_3}{x}\,dx, \quad \ldots, \quad v_1 \int \frac{v_2}{x}\,dx \int \ldots \int \frac{v_m}{x}\,dx,$$

car on voit sans peine que les équations

$$\mathrm{A}_1'' = 0, \quad \mathrm{A}_1'' = v_1 v_2, \quad \mathrm{A}_2'' \mathrm{A}_1'' = v_1 v_2 v_3, \quad \ldots$$

admettent ces intégrales. Si donc j'ajoute aux coefficients $\dfrac{\alpha_i}{x}$ les dérivées

$$\frac{d \log x^{i-1}}{dx} = \frac{i-1}{x},$$

ce qui revient à augmenter les α_i des nombres $i-1$; comme, par ce fait (n° **75**), les fonctions v_2, v_3, …, v_m sont multipliées par x, je construirai, en composant les résultats

$$\mathrm{A}_i' = x \frac{dy}{dx} - (\alpha_i + i - 1)y$$

ainsi obtenus, une expression

$$\mathrm{P}' = \mathrm{A}_m' \mathrm{A}_{m-1}' \ldots \mathrm{A}_2' \mathrm{A}_1',$$

qui, égalée à zéro, admettra le système fondamental

$$y_1 = v_1, \quad y_2 = v_1 {\textstyle\int} v_2\,dx, \quad \ldots, \quad y_m = v_1 {\textstyle\int} v_2\,dx {\textstyle\int} \ldots {\textstyle\int} v_m\,dx,$$

c'est-à-dire le même que $\mathrm{P} = 0$, et, par conséquent, comme le premier coefficient de P' est x^m, on aura

$$\mathrm{P}' = x^m \mathrm{P}.$$

Ainsi donc, l'expression P, mise sous sa forme normale $x^m \mathrm{P}$, est identique à l'expression $\mathrm{A}_m' \mathrm{A}_{m-1}' \ldots \mathrm{A}_2' \mathrm{A}_1'$; d'où ce théorème :

Étant donnée une expression composée uniquement de facteurs réguliers tels que $\dfrac{dy}{dx} - \dfrac{\alpha_i}{x}y$, *pour la mettre sous sa forme normale, on ajoute aux quantités* α_i *les nombres* $i-1$, *puis on ramène les nouveaux facteurs à la forme normale en les multipliant par* x.

Par exemple, si l'on fait $r = 1$, $s = 0$ au n° **81**, on a l'identité

$$\frac{d^2 y}{dx^2} - \frac{\rho_1 + \rho_2 - 1}{x} \frac{dy}{dx} + \frac{\rho_1 \rho_2}{x^2} y = \mathrm{A}_2 \mathrm{A}_1,$$

avec les conditions

$$\mathrm{A}_2 = \frac{dy}{dx} - \frac{\rho_2 - 1}{x} y, \quad \mathrm{A}_1 = \frac{dy}{dx} - \frac{\rho_1}{x} y.$$

On peut donc écrire

$$x^2 \frac{d^2 y}{dx^2} - (\rho_1 + \rho_2 - 1) x \frac{dy}{dx} + \rho_1 \rho_2 y = \mathrm{A}_2' \mathrm{A}_1',$$

avec les conditions

$$\mathrm{A}_2' = x \frac{dy}{dx} - \rho_2 y, \quad \mathrm{A}_1' = x \frac{dy}{dx} - \rho_1 y.$$

Le théorème précédent, c'est-à-dire l'identité

$$x^m \mathrm{P} = \mathrm{A}'_m \mathrm{A}'_{m-1} \ldots \mathrm{A}'_2 \mathrm{A}'_1,$$

conduit immédiatement à la relation cherchée entre la fonction déterminante $g(\rho)$ de P et celles $h_i(\rho) = \rho - [\alpha_i]_{x=0}$ des facteurs réguliers A_i.

En effet, cette identité ayant lieu entre des formes normales, si j'observe que la fonction déterminante de A'_i est $\rho - i + 1 - [\alpha_i]_{x=0}$, j'aurai identiquement

$$g(\rho) = (\rho - [\alpha_1]_{x=0})(\rho - 1 - [\alpha_2]_{x=0})(\rho - 2 - [\alpha_3]_{x=0}) \ldots (\rho - m + 1 - [\alpha_m]_{x=0}),$$

c'est-à-dire

$$g(\rho) = h_1(\rho) h_2(\rho - 1) h_3(\rho - 2) \ldots h_m(\rho - m + 1).$$

93. Examinons ensuite une expression composée

$$\mathrm{P} = \mathrm{QD},$$

où les deux composantes linéaires homogènes Q et D sont d'ordres $m - s$ et s et ont pour premier coefficient l'unité, les autres présentant le caractère des fonctions rationnelles. P est alors d'ordre m et de même forme. Soient x^β, $x^\varkappa$ et x^η les puissances de x par lesquelles il faut multiplier respectivement les expressions P, Q et D pour les amener à leur forme normale. Il s'agit de trouver la relation qui existe entre les fonctions déterminantes $g(\rho)$, $k(\rho)$ et $h(\rho)$ de ces trois expressions.

Dans l'expression D, je fais la substitution

$$y = x^\eta z;$$

elle devient D', et D' a la forme normale; il suffit de réfléchir à la formation de ses coefficients pour s'en assurer. $\mathrm{P}(y)$ devient alors QD', c'est-à-dire $\mathrm{P}(x^\eta s)$. Puis je ramène Q à sa forme normale Q', en le multipliant par $x_\varkappa$. On a donc

$$x^\varkappa \mathrm{P}(x^\eta y) = \mathrm{Q}' \mathrm{D}'.$$

Donc $x^\varkappa \mathrm{P}(x^\eta y)$ a la forme normale, et sa fonction déterminante $g'(\rho)$ est le produit des fonctions déterminantes $k'(\rho)$ et $h'(\rho)$ de Q' et de D' :

$$g'(\rho) = h k'(\rho) h'(\rho).$$

Remarquons, en passant, l'égalité

$$\varkappa + \eta = \beta$$

Or, d'après la propriété établie au n° **33**, les fonctions déterminantes de $x^\varkappa \mathrm{P}(x^\eta y)$ ou $\mathrm{P}(x^\eta y)$ et de $\mathrm{D}(x^\eta y)$ se déduisent de celles de $\mathrm{P}(y)$ et de $\mathrm{D}(y)$ en changeant ρ en $\rho + \eta$; d'où

$$g'(\rho) = g(\rho + \eta), \quad h'(\rho) = h(\rho + \eta),$$

et, par suite, à cause de $k'(\rho) = k(\rho)$,

$$g(\rho + \eta) = k(\rho) h(\rho + \eta).$$

Si donc je change ρ en $\rho - \eta$, j'obtiens l'identité cherchée

$$g(\rho) = h(\rho) k(\rho - \eta).$$

En particulier, si D est de la forme

$$\frac{d^s y}{dx^s} + \frac{P_1}{x}\frac{d^{s-1}y}{dx^{s-1}} + \frac{P_2}{x^2}\frac{d^{s-2}y}{dx^{s-2}} + \ldots + \frac{P_s}{x^s}y,$$

on aura

$$g(\rho) = h(\rho)k(\rho - s),$$

car alors η est égal à s.

94. Du cas de deux expressions composantes on passe facilement au cas de trois :

$$P = QDL.$$

Si x^λ est la puissance de x par laquelle il faut multiplier la nouvelle expression L, pour la réduire à sa forme normale, et si $l(\rho)$ est sa fonction déterminante, on aura

$$g(\rho) = l(\rho)h(\rho - \lambda)k(\rho - \lambda - \eta).$$

En effet, on a

$$P = Q(DL).$$

Or, soit $f(\rho)$ la fonction déterminante de DL ; d'après une remarque faite, on ramène DL à la forme normale en le multipliant par $x^{\lambda+\eta}$. On a donc

$$g(\rho) = f(\rho)k(\rho - \lambda - \eta).$$

Mais

$$f(\rho) = l(\rho)h(\rho - \lambda).$$

Donc

$$g(\rho) = l(\rho)h(\rho - \lambda)k(\rho - \lambda - \eta).$$

Remarquons l'égalité

$$\varkappa + \eta + \lambda = \beta.$$

En général, considérons une expression P, d'ordre m, composée de n expressions différentielles

$$P = D_n D_{n-1} \ldots D_2 D_1,$$

les composantes D étant linéaires, homogènes, et ayant pour premier coefficient l'unité, les autres présentent le caractère des fonctions rationnelles ; si $g(\rho)$ est la fonction déterminante de P, et si $h_i(\rho)$ est celle de D_i, si en outre x^{η_i} est la puissance de x par laquelle il faut multiplier D_i pour le réduire à sa forme normale, on aura l'identité remarquable

$$g(\rho) = h_1(\rho)h_2(\rho - \eta_1)h_3(\rho - \eta_1 - \eta_2)\ldots h_n(\rho - \eta_1 - \eta_2 - \ldots - \eta_{n-1}).$$

On a d'ailleurs

$$\eta_1 + \eta_2 + \ldots + \eta_n = \beta,$$

x^β *étant la puissance de x par laquelle il faut multiplier P pour l'amener à la forme normale.*

Lorsque les expressions D sont toutes des facteurs réguliers, on a

$$\eta_1 = \eta_2 = \ldots = \eta_m = 1,$$

et, par suite,

$$g(\rho) = h_1(\rho)h_2(\rho - 1)h_3(\rho - 2)\ldots h_m(\rho - m + 1).$$

C'est la formule que j'ai démontrée plus haut directement.

Je déduis du théorème général cette conséquence importante :

Le degré de la fonction déterminante de P est la somme des degrés des fonctions déterminantes des expressions composantes D.

95. Je vais établir maintenant que l'expression

$$\mathrm{P}(y) = \frac{d^m y}{dx^m} + p_1 \frac{d^{m-1} y}{dx^{m-1}} + \ldots + p_m y,$$

où les coefficients p sont des doubles séries procédant suivant les puissances entières positives et négatives de x, et convergentes dans le domaine du point zéro, est toujours décomposable en facteurs premiers symboliques de la même forme, ayant par conséquent leur coefficient monotrope.

On sait (n° **9**) que, si ω désigne une racine de l'équation fondamentale et si l'on pose

$$\frac{1}{2\pi\sqrt{-1}} \log \omega = r,$$

une équation telle que $\mathrm{P} = 0$ admet toujours au moins une intégrale de la forme

$$x^r \varphi(x),$$

$\varphi(x)$ étant une double série comme les coefficients p.

Cela posé, soit

$$\mathrm{P} = \mathrm{A}_m \mathrm{A}_{m-1} \ldots \mathrm{A}_2 \mathrm{A}_1$$

la décomposition de P corrélative du système fondamental

$$y_1 = v_1, \quad y_2 = v_1 \!\int\! v_2 \, dx, \quad \ldots, \quad y_m = v_1 \!\int\! v_2 \, dx \!\int\! \ldots \!\int\! v_m \, dx,$$

et supposons que les solutions $v_1, v_2, \ldots, v_m$ des équations différentielles, successivement déduites l'une de l'autre par la substitution connue, aient été choisies de la forme $x^r \varphi(x)$:

$$v_1 = x^{r_1} \varphi_1, \quad v_2 = x^{r_2} \varphi_2, \quad \ldots, \quad v_m = x^{r_m} \varphi_m.$$

Cela est toujours possible, car ces équations successives remplissent les mêmes conditions que $\mathrm{P} = 0$ (n° **18**). On aura

$$a_i = \frac{d \log(v_1 v_2 \ldots v_i)}{dx} = \frac{d}{dx} \log(x^{r_1 + r_2 + \ldots + r_i} \varphi_1 \varphi_2 \ldots \varphi_i),$$

d'où il résulte que le coefficient a_i de A_i sera une fonction continue et monogène dans le domaine du point zéro, à ce point près, et de plus monotrope, car, après une révolution de la variable autour de l'origine, la quantité sous le signe log est multipliée par

$$e^{2\pi\sqrt{-1}(r_1 + r_2 + \cdots + r_i)},$$

de sorte que sa dérivée logarithmique ne change pas. Donc les facteurs de la décomposition considérée ont bien des coefficients possédant les mêmes propriétés que les coefficients p.

Ainsi, *il est toujours possible de décomposer l'équation* P *en facteurs premiers symboliques à coefficient monotrope de la forme*

$$\sum\nolimits_{-\infty}^{+\infty} \mathrm{C}_i x^i,$$

i étant entier.

96. Revenant à nos hypothèses, nous supposerons dorénavant que les coefficients de l'équation différentielle présentent le caractère des fonctions rationnelles, et nous considérerons l'équation

$$P(y) = \frac{d^m y}{dx^m} + p_1 \frac{d^{m-1} y}{dx^{m-1}} + \ldots + p_m y = 0,$$

où les coefficients p seront des séries procédant suivant les puissances entières de x, mais ne renfermant qu'un nombre limité de puissances négatives.

La décomposition de l'expression P en facteurs symboliques de la forme

$$\frac{dy}{dx} - y \sum\nolimits_{-\infty}^{+\infty} C_i x^i$$

conduit à deux propositions importantes.

Proposition I. — *Le degré γ de la fonction déterminante de l'équation* $P = 0$ *est égal au nombre total j des facteurs réguliers qui entrent dans une même décomposition de l'expression* P *en facteurs symboliques de la forme*

$$\frac{dy}{dx} - y \sum\nolimits_{-\infty}^{+\infty} C_i x^i.$$

Considérons, en effet, une pareille décomposition

$$P = A_m A_{m-1} \ldots A_2 A_1,$$

contenant j facteurs réguliers. Dans les coefficients des facteurs non réguliers, et seulement dans ceux qui renferment un nombre infini de puissances négatives de x, supprimons pour un instant les puissances de x^{-1}, dont l'exposant est supérieur, en valeur absolue, à un nombre arbitraire n, et soit

$$P' = B_m B_{m-1} \ldots B_2 B_1$$

l'expression composée avec les facteurs dont quelques-uns sont ainsi modifiés. L'expression P' est de même nature que l'expression P, et les facteurs réguliers qui entrent dans P' coïncident avec les j facteurs réguliers qui figurent dans P. D'après le n° **94**, la fonction déterminante de P' est d'un degré γ' égal à la somme des degrés des fonctions déterminantes des expressions B ; or, les B non réguliers ont une fonction déterminante constante, et les B réguliers l'ont du premier degré ; donc la somme en question se réduit au nombre j des facteurs réguliers, et l'on a

$$\gamma' = j.$$

Faisons maintenant croître n indéfiniment : l'égalité précédente, ayant lieu quelque grand que soit n, aura lieu encore à la limite, et, par conséquent, comme γ' a pour limite γ, on aura

$$\gamma = j.$$

Corollaire. — Le nombre des facteurs réguliers qui entrent dans une même décomposition de l'expression P en facteurs symboliques de la forme

$$\frac{dy}{dx} - y \sum\nolimits_{-\infty}^{+\infty} C_i x^i$$

est constant, quelle que soit cette décomposition.

Proposition II. — *Le nombres des intégrales régulières linéairement indépendantes de l'équation* $P = 0$ *est égal au plus grand nombre* σ *de facteurs réguliers consécutifs susceptibles de terminer une même décomposition de l'expression* P *en facteurs
symboliques de la forme*

$$\frac{dy}{dx} - y \sum_{-x}^{+x} C_i x^i.$$

L'équation $P = 0$, ayant s intégrales régulières, admet (n° **17**) une solution $v_1 =
x^{\rho_1}\psi_1(x)$, où $\psi_1(x)$ est holomorphe dans le domaine du point zéro et non nul pour
$x = 0$. Je pose $y = v_1\int z\, dx$, et j'obtiens l'équation $Q(z) = 0$, qui a (n° **18**) $s - 1$
intégrales régulières linéairement indépendantes.

$Q = 0$, ayant $s - 1$ intégrales régulières, admet une solution $v_2 = x^{\rho_2}\psi_2(x)$. Je
pose $z = v_2\int t\, dx$, et j'obtiens l'équation $R(t) = 0$, qui a $s - 2$ intégrales régulières
linéairement indépendantes.

En continuant de la sorte, j'arrive à l'équation $H(u) = 0$, qui a une intégrale
régulière, et admet par conséquent une solution $v_s = x^{\rho_s}\psi_s(x)$.

Puis, posant $u = v_s\int v\, dx$, j'obtiens une équation dont je prends une solution quelconque v_{s+1}, mais de la forme $x^r\varphi(x)$, sans logarithmes, et faisant de même pour
les équations suivantes, déduites successivement l'une de l'autre par les substitutions
analogues, j'en tire v_{s+2}, v_{s+3}, ..., v_m.

Ayant ainsi calculé v_1, v_2, v_3, ..., v_m, je forme la décomposition de P en facteurs
premiers corrélative du système fondamental

$$y_1 = v_1, \quad y_2 = v_1\int v_2\, dx, \quad ..., \quad y_m = v_1\int v_2\, dx\int ...\int v_m\, dx.$$

Soit $P = A_m A_{m-1}\ldots A_s\ldots A_2 A_1$, cette décomposition. Ses facteurs A sont tels que

$$\frac{dy}{dx} - y \sum_{-\infty}^{+\infty} C_i x^i.$$

De plus, les équations

$$A_1 = 0, \quad A_2 = 0, \quad ..., \quad A_s = 0$$

admettent respectivement les intégrales

$$v_1 = x^{\rho_1}\psi_1, \quad v_1 v_2 = x^{\rho_1 + \rho_2}\psi_1\psi_2, \quad ..., \quad v_1 v_2 \ldots v_s = x^{\rho_1 + \rho_2 + \cdots + \rho_s}\psi_1\psi_2 \ldots \psi_s;$$

or, ces intégrales sont régulières; donc les s derniers facteurs A_1, A_2, ..., A_s sont
réguliers, et, par conséquent, on a $\sigma \geqq s$.

Je dis maintenant qu'on ne peut avoir $\sigma > s$.

Supposons en effet qu'il existe une décomposition de P en facteurs premiers symboliques de la forme

$$\frac{dy}{dx} - y \sum_{-\infty}^{+\infty} C_i x^i,$$

où les $s + k$ derniers seraient réguliers :

$$P = B_m B_{m-1} \ldots B_{s+k} \ldots B_2 B_1.$$

Représentons par

$$w_1, \quad w_1 w_2, \quad w_1 w_2 w_3, \quad ..., \quad w_1 w_2 \ldots w_{s+k}$$

des solutions appartenant respectivement aux équations

$$B_1 = 0, \quad B_2 = 0, \quad B_3 = 0, \quad ..., \quad B_{s+k} = 0.$$

Ces solutions sont régulières et de la forme $x^\rho \psi(x)$, $\psi(x)$ remplissant les conditions déjà indiquées. Il en résulte que les rapports tels que

$$\frac{w_1 w_2 \ldots w_{i-1} w_i}{w_1 w_2 \ldots w_{i-1}},$$

c'est-à-dire les intégrales

$$w_1, \; w_2, \; w_3, \; \ldots, \; w_{s+k}$$

des équations déduites successivement l'une de l'autre par la substitution connue, sont des intégrales régulières de la même forme $x^\rho \psi(x)$.

Donc, d'après le théorème réciproque du n° **18**, l'équation qui donne w_{s+k}, ayant au moins une intégrale régulière, celle qui donne w_{s+k-1} en aura au moins deux ; celle qui donne w_{s+k-2} en aura alors au moins trois, etc., de sorte que celle qui donne w_1, c'est-à-dire P $= 0$, en aurait au moins $s + k$, ce qui est contre l'hypothèse.

On conclut de là que σ est exactement égal à s.

Remarque. — On peut remarquer que cette dernière proposition est encore vraie, lors même que les facteurs premiers symboliques ne sont pas de la forme

$$\frac{dy}{dx} - y \sum_{-\infty}^{+\infty} C_i x^i.$$

97. Les deux propositions qui précèdent permettent d'énoncer immédiatement les théorèmes suivants :

Théorème I. — *Si l'équation différentielle* P $= 0$ *a toutes ses intégrales régulières, l'expression P est décomposable en m facteurs réguliers.*

Théorème II. — *Si l'expression différentielle P est décomposable en m facteurs réguliers, l'équation P $= 0$ a toutes ses intégrales régulières.*

Théorème III. — *Si l'équation différentielle P $= 0$ a toutes ses intégrales régulières, le degré de son équation déterminante est égal à son ordre.*

Théorème IV. — *Si le degré de l'équation déterminante de l'expression différentielle P est égal à l'ordre m, l'équation P $= 0$ a toutes ses intégrales régulières.*

Les théorèmes I et II résultent de la proposition II. Le théorème III se conclut du théorème I et de la proposition I. Enfin le théorème IV est une conséquence de la proposition I et du théorème II.

Il est d'ailleurs facile d'établir ce théorème, savoir :

Théorème V. — *Si l'équation différentielle P $= 0$ a toutes ses intégrales régulières, elle admet un système fondamental d'intégrales appartenant à des exposants qui sont les racines de l'équation déterminante.*

En effet, P $= 0$ ayant toutes ses intégrales régulières, P est décomposable en m facteurs réguliers,

$$P = A_m A_{m-1} \ldots A_2 A_1,$$

et l'on a entre les fonctions déterminantes la relation

$$g(\rho) = h_1(\rho) \cdot h_2(\rho - 1) \cdot h_3(\rho - 2) \ldots h_m(\rho - m + 1),$$

trouvée au n° **92**. Il en résulte que, si l'on égale à zéro les facteurs réguliers A_1, A_2, ..., A_m, les intégrales

$$v_1, \; v_1 v_2, \; v_1 v_2 v_3, \; \ldots, \; v_1 v_2 \ldots v_m$$

des m équations obtenues appartiennent respectivement aux exposants

$$\rho_1, \ \rho_2 - 1, \ \rho_3 - 2, \ \ldots, \ \rho_m - m + 1,$$

$\rho_1, \rho_2, \ldots, \rho_m$ étant les racines de l'équation déterminante $g(\rho) = 0$; d'où l'on conclura sans peine, en appliquant le premier des deux principes admis au n° **55**, que le système fondamental

$$y_1 = v_1, \quad y_2 = v_1 \int v_2 \, dx, \quad \ldots, \quad y_m = v_1 \int v_2 \, dx \int \ldots \int v_m \, dx,$$

corrélatif de la décomposition considérée, est formé d'intégrales appartenant aux exposants $\rho_1, \rho_2, \ldots, \rho_m$.

98. Les deux propositions du n° **96** sont tout aussi fécondes dans le cas où il s'agit d'équations n'ayant pas toutes leurs intégrales régulières.

Elles donnent d'abord ce théorème :

THÉORÈME I. — *Le nombre des intégrales régulières linéairement indépendantes de l'équation différentielle* $P = 0$ *est au plus égal au degré de son équation déterminante.*

La forme que doit affecter l'expression différentielle P pour que l'équation $P = 0$ ait s intégrales régulières linéairement indépendantes résulte de la proposition suivante :

THÉORÈME II. — *Pour que l'équation différentielle* $P = 0$ *ait s intégrales régulières linéairement indépendantes, il faut et il suffit que l'expression P soit susceptible de la forme*

$$P = QD,$$

où Q et D sont d'ordres $m - s$ et s, et sont de même nature que P, c'est-à-dire à coefficients présentant le caractère des fonctions rationnelles, le premier étant l'unité, et où $D = 0$ a toutes ses intégrales régulières, $Q = 0$ n'en ayant aucune.

1° La condition est nécessaire.

En effet, $P = 0$ ayant s intégrales régulières linéairement indépendantes, il existe (n° **96**, prop. II) une décomposition de P,

$$P = A_m A_{m-1} \ldots A_{s+1} A_s \ldots A_2 A_1,$$

en facteurs symboliques de la forme

$$\frac{dy}{dx} - y \sum_{-\infty}^{+\infty} C_i x^i,$$

où les derniers sont réguliers. Si je pose alors

$$A_s \ldots A_2 A_1 = D, \quad A_m A_{m-1} \ldots A_{s+1} = Q,$$

j'aurai

$$P = QD.$$

L'expression D est d'ordre s et composée de s facteurs réguliers ; elle est donc (n° **90**) de la forme

$$\frac{d^s y}{dx^s} + \frac{P_1}{x} \frac{d^{s-1} y}{dx^{s-1}} + \ldots + \frac{P_s}{x^s} y,$$

et, d'après le théorème II du n° **97**, l'équation $D = 0$ a toutes ses intégrales régulières.

L'expression Q est d'ordre $m - s$; si l'on effectue l'opération QD, et qu'on identifie avec P, on obtient des égalités qui montrent que les coefficients de Q, comme ceux de P et de D, présentent le caractère des fonctions rationnelles ; en outre, Q = 0 n'a aucune intégrale régulière, sans quoi on pourrait terminer une décomposition de Q par un facteur régulier au moins, et, par suite, dans P = QD, on en aurait plus de s à la fin, ce qui est impossible (n° **96**, prop. II).

Les deux composantes Q et D possèdent donc bien les propriétés énoncées.

2° La condition est suffisante.

Soit, en effet,

$$P = QD,$$

D = 0 ayant toutes ses intégrales régulières et Q = 0 n'en ayant aucune. Toute solution de P = 0 qui satisfait à D = 0 est régulière. Toute solution de P = 0 qui ne satisfait pas à D = 0 satisfait à l'une des équations D = u, obtenues en remplaçant u par les diverses intégrales de Q = 0. Or, par hypothèse, aucune de ces intégrales n'est régulière. D'autre part, si dans D on remplace y par une fonction de forme régulière, on obtient (n° **46**) une expression de même forme. Donc aucune valeur régulière de y ne peut rendre D égal à u. Donc les équations D = u n'ont aucune solution de forme régulière, et, par suite, les seules intégrales régulières de P = 0 sont les s de D = 0.

Il est facile d'apercevoir la cause de la différence $\gamma - s$ qui peut exister entre le degré γ de la fonction déterminante de l'équation P = 0, et le nombre s de ses intégrales régulières linéairement indépendantes.

Si, en effet, on décompose P en facteurs symboliques tels que

$$\frac{dy}{dx} - y \sum_{-\infty}^{+\infty} C_i x^i,$$

la décomposition, quelle qu'elle soit, renfermera, comme on l'a vu, γ facteurs réguliers ; en outre, sur ces γ facteurs, un groupe de s au plus peut être rejeté à la fin de la décomposition. Donc $\gamma - s$ est le nombre des facteurs réguliers qui ne peuvent faire partie de ce groupe final.

Autrement, mettons P sous la forme

$$P = QD,$$

donnée par le théorème précédent ; $\gamma - s$ est le nombre des facteurs réguliers qui entrent dans Q. Ainsi, la différence en question tient à la présence de facteurs réguliers dans une décomposition de Q.

Si j'observe que les fonctions déterminantes de D et de Q sont respectivement de degrés s et $\gamma - s$, je puis formuler les deux théorèmes qui suivent :

THÉORÈME III. — *Pour que l'équation différentielle* P = 0, *d'ordre m, ayant une fonction déterminante de degré* γ, *admette* $\gamma - \mu$ *intégrales régulières linéairement indépendantes, il faut et il suffit que l'expression* P *soit de la forme* P = QD, *où Q et* D *sont de même nature que* P, Q = 0 *étant d'ordre* $m - \gamma + \mu$, *n'ayant aucune intégrale régulière et ayant une fonction déterminante de degré* μ.

THÉORÈME IV. — *Pour que l'équation différentielle* P = 0, *d'ordre m, ayant une fonction déterminante de degré* γ, *admette exactement des intégrales régulières linéairement indépendantes, il faut et il suffit que l'expression* P *soit de la forme* P = QD, *où Q et* D *sont de même nature que* P, Q *étant d'ordre* $m - \gamma$ *et ayant pour fonction déterminante une constante.*

Je démontrerai encore cette proposition :

Théorème V. — *Les s intégrales régulières linéairement indépendantes de l'équation différentielle $P = 0$ appartiennent à des exposants qui sont s des racines de son équation déterminante.*

En effet, mettons l'expression P sous la forme

$$P = QD,$$

donnée par le théorème II. D'après le n° **93**, on a entre les fonctions déterminantes la relation

$$g(\rho) = h(\rho)k(\rho - s).$$

Or, les s intégrales régulières de $D = 0$, c'est-à-dire toutes les intégrales régulières de $P = 0$, appartiennent à des exposants qui sont (n° **97**, théor. V) les racines de son équation déterminante $h(\rho) = 0$. Donc, à cause de cette relation, les intégrales régulières de $P = 0$ appartiennent à s des racines de $g(\rho) = 0$.

99. Je terminerai par les théorèmes qui concernent l'équation adjointe.

Je rappelle d'abord que, si une expression différentielle est composée de plusieurs expressions, l'expression différentielle adjointe est composée des expressions adjointes rangées dans l'ordre inverse (n° **93**). J'observe ensuite que, $-\dfrac{dy}{dx} - ay$ étant l'adjointe de $\dfrac{dy}{dx} - ay$, un facteur premier symbolique aura pour adjointe une expression qui, changée de signe, sera elle-même un facteur premier. On voit enfin, en formant les fonctions déterminantes de $\dfrac{dy}{dx} - ay$ et de $-\dfrac{dy}{dx} - ay$, que, si le facteur $\dfrac{dy}{dx} - ay$ est régulier, ces deux fonctions se déduisent l'une de l'autre en changeant ρ en $-\rho$, et que, si ce facteur n'est pas régulier, elles sont égales à une même constante.

Théorème I. — *Les fonctions déterminantes $g(\rho)$ et $G(\rho)$ des deux expressions adjointes P et $\mathcal{P}$ se déduisent l'une de l'autre en changeant ρ en $-\rho + \beta - 1$, x^{β} étant la puissance de x par laquelle il faut multiplier P pour l'amener à la forme normale*

Considérons, en effet, une décomposition de l'expression P en facteurs symboliques tels que

$$\frac{dy}{dx} - y \sum\nolimits_{-\infty}^{+\infty} C_i X^i,$$

et soit

$$P = A_m A_{m-1} \ldots A_1$$

cette décomposition.

Dans les coefficients des facteurs qui renferment un nombre illimité de puissances négatives de x, je supprime provisoirement les puissances de x^{-1} dont l'exposant est supérieur, en valeur absolue, à un nombre arbitraire n; j'obtiens ainsi l'expression composée

$$P' = B_m B_{m-1} \ldots B_i \ldots B_1,$$

qui est de même nature que P, et qui contient les mêmes facteurs réguliers.

Je désignerai par $g'(\rho)$ et $G'(\rho)$ les fonctions déterminantes de P' et de l'adjointe $\mathcal{P}'$, par $H_i(\rho)$ et $h_i(\rho)$ celles de B_i et de l'adjointe $\mathcal{B}_i$. En outre, j'appellerai $x^{\beta'}$ et x^{η_i} les puissances par lesquelles il faut multiplier respectivement P' et B_i pour les amener à la forme normale.

On a (n° **94**)

$$g'(\rho) = \mathrm{H}_1(\rho).\mathrm{H}_2(\rho-\eta_1)\ldots\mathrm{H}_i(\rho-\eta_1-\eta_2-\ldots-\eta_{i-1})\ldots\mathrm{H}_m(\rho-\eta_1-\eta_2-\ldots-\eta_{m-1}),$$

et l'on voit facilement qu'on a aussi

$$\mathcal{G}'(\rho) = h_m(\rho).h_{m-1}(\rho-\eta_m)\ldots h_i(\rho-\eta_m-\eta_{m-1}-\ldots-\eta_{i+1})\ldots h_1(\rho-\eta_m-\eta_{m-1}-\ldots-\eta_2),$$

bien que les facteurs $\mathcal{B}$ ne soient pas à proprement parler des facteurs premiers, puisque leurs premiers coefficients sont -1 et non $+1$.

Je pose

$$\eta_1 + \eta_n + \ldots + \eta_{i-1} = \eta, \quad \eta_m + \eta_{m-1} + \ldots + \eta_{i+1} = \eta';$$

je remarque l'égalité (n° **94**)

$$\eta + \eta' + \eta_i = \beta',$$

et je vais comparer les deux produits qui expriment $g'(\rho)$ et $\mathcal{G}'(\rho)$.

Si le facteur B_i est régulier, comme alors $h_i(\rho)$ est égal à $\mathrm{H}_i(-\rho)$, on aura

$$h_i(\rho - \eta') = \mathrm{H}_i(-\rho + \eta'),$$

et comme η_i est ici égal à l'unité, et que η' est égal à $\beta' - \eta_i - \eta$, cette égalité deviendra

$$h_i(\rho - \eta') = \mathrm{H}_i(-\rho + \beta' - 1 - \eta).$$

Si le facteur B_i n'est pas régulier, comme alors les fonctions $h_i(\rho)$ et $\mathrm{H}_i(\rho)$ se réduisent à une même constante, on aura encore

$$h_i(\rho - \eta') = \mathrm{H}_i(-\rho + \beta' - 1 - \eta).$$

Donc, dans tous les cas, $h_i(\rho - \eta')$, qui entre dans $\mathcal{G}'(\rho)$, se déduit de la quantité correspondante $\mathrm{H}_i(\rho - \eta)$, qui entre dans $g'(\rho)$, en changeant ρ en $-\rho + \beta' - 1$. Cela ayant lieu pour $i = 1, 2, 3, \ldots, m$, on en conclut

$$\mathcal{G}'(\rho) = g'(-\rho + \beta' - 1).$$

Cette identité étant établie, faisons croître indéfiniment le nombre arbitraire n; l'identité subsistera, et, comme les variables $\mathcal{G}'(\rho)$, $g'(\rho)$ et β' qui y figurent ont des limites $\mathcal{G}(\rho)$, $g(\rho)$ et β, elle aura lieu entre ces limites; d'où

$$\mathcal{G}(\rho) = g(-\rho + \beta - 1).$$

Théorème II. — *Si l'équation différentielle* $\mathrm{P} = 0$ *a toutes ses intégrales régulières, il en est de même de l'équation adjointe* $\mathcal{P} = 0$.

La démonstration résulte des théorèmes I et II du n° **97**, comme au n° **66**.
Enfin le théorème IV du n° **98** se transforme évidemment de la manière suivante :

Théorème III. — *Pour que l'équation différentielle* $\mathrm{P} = 0$, *d'ordre* m, *ayant une fonction déterminante de degré* γ, *ait exactement* γ *intégrales régulières linéairement indépendantes, il faut et il suffit que l'équation adjointe* $\mathcal{P} = 0$ *admette toutes les intégrales d'une équation différentielle d'ordre* $m-\gamma$, *ayant pour fonction déterminante une constante.*

On en déduirait, comme au n° **68**, les deux conditions nécessaires et suffisantes pour que l'équation P = 0 ait $m - 1$ intégrales régulières linéairement indépendantes.

On peut donc établir simplement toutes les propriétés des intégrales régulières, en partant directement de la décomposition en facteurs premiers symboliques.

Vu et approuvé :
Paris, le 12 décembre 1878.
Le Doyen de la Faculté des Sciences,
MILNE EDWARDS.

Permis d'imprimer :
Paris, le 12 décembre 1878.
Le Vice-Recteur de l'Académie de Paris,
A. MOURIER.

SECONDE THÈSE.

PROPOSITIONS DONNÉES PAR LA FACULTÉ

Intégrales eulériennes

Vu et approuvé.
Paris, le 12 décembre 1878.
LE DOYEN DE LA FACULTÉ DES SCIENCES,
MILNE-EDWARDS.

Permis d'imprimer.
LE VICE-RECTEUR DE L'ACADÉMIE DE PARIS,
A. MOURIER.

5187 Paris.–Imprimerie de GAUTHIER-VILLARS, quai des Augustins, 55.